U0685714

世界灌溉工程遗产研究丛书

谭徐明 总主编

中国卷

国家出版基金项目
NATIONAL PUBLICATION FOUNDATION

秦岭山外山 汉江堰与堰

周波 著

汉中三堰

长江出版社
CHANGJIANG PRESS

总序

在世界广袤的大地上，分布着丰富且类型多样的人类文明，古代灌溉工程就是其中之一。直到今天，还有相当数量的古代灌溉工程在持续地为人们提供着生活、灌溉和生态供水服务。现存的古代灌溉工程历经长久考验，没有成为西风残照的废墟，也没有成为书籍中刻板的回忆，而是以与自然融为一体的形态存在，并成为兼具工程价值、科学价值和文化价值的人类文明奇迹。

2014年，国际灌溉排水委员会（ICID）开始在世界范围内评选收录灌溉工程遗产，旨在挖掘、保护、利用和宣传具有历史意义的灌溉工程所蕴含的自然哲理、科学思想、文化价值和实用价值。从2014年至2020年，经由中国国家灌排委员会推荐和国际评委会评审，我国有安徽的芍陂、四川的都江堰等二十处具有历史意义的灌溉工程入选世界灌溉工程遗产名录。由此，古老而丰富的中国灌溉工程遗产向世界又开启了一个了解和认识中国文明史的新窗口，让更多的人走进中国悠久而辉煌的水利史，探索这些工程中蕴藏的人与自然和谐相处的理念和古代贤人因势利导的治水智慧和方略。

粮食充裕则天下稳定，人民安居乐业，而灌溉工程正是在洪涝干旱灾害频发的自然环境下保障粮食丰收的关键所在。中国是灌溉文明古国，历朝历代从一国之君到州县官员无不重农桑兴水利，并确立了从中央到民间权、责、利相互结合的灌溉管理制度。农耕文明下的这些灌溉工程及其管理制度和道德约束，为水利发展注入了民族精神，并在历史的长河中衍生出独特的文化和记忆，使得现存的古代灌溉工程在这一独特的文化滋养下世代相传、经久不衰。每一处灌溉工程遗产都是人与自然和谐相处和可持续发展活生生的实证。

中国5000年的农耕文明史中，因水资源禀赋和自然环境差异而建造出类型丰富、数量众多的灌溉工程。留存下来的古代灌溉工程得以延续至今，往往缘于这一灌溉工程在规划、选址、选型、建设和管理上的可持续性，随着科技和社会的发展，其功能和效益仍在扩展中。如安徽寿县的芍陂，是我国历史最悠久的大型陂塘蓄水灌溉工程，它始建于战国时期最强盛的楚国，历经2600多年后，至今仍灌溉着67万亩农田，并成为今天淠史杭灌区的反调节水库。再如有2270多年历史的四川都江堰，是世界上年代最久远、仍在发挥作用的无坝引水灌溉工程。留存至今的古代灌溉工程堪称人与自然和谐相处的典范，是可持续发展的活样板。

抛弃历史的前进，终究是无本之木，善于继承方能更好创新发展。在我们拥有先进科学技术的当代，从灌溉工程遗产中汲取经过历史检验的科学理念、智慧和经验，把现代科学技术与经过历史检验的思想和理念相结合，有助于更好地设计和建造人水和谐与可持续发展的灌溉工程。灌溉工程遗产也是重要的文化传承，在灌区现代化建设的过程中应该同时加强对灌溉工程遗产和灌溉文明的保护，让中华大地上美轮美奂的古代灌溉工程和丰富多彩的灌溉文化依然充满生命力，让历史文化在流水潺潺的水渠、在生机勃勃的田野得到永恒延续发展，为我国灌溉文化的生命传承和建设现代化生态灌区注入不竭的动力。

中国水利水电科学研究院原总工程师
2011—2014年国际灌溉排水委员会第22届主席

2023年8月于北京玉渊潭

世界灌溉工程遗产研究丛书

中国卷

汉中三堰

目 录

导　言

　　汉中盆地北依秦岭，南凭巴山，是关中与巴蜀地区往来必经的战略要地，也是历代兵家必争之地，灌溉农业常常因为军事屯田而有飞跃性的发展。公元 1 世纪，汉中盆地已有相当规模的引水灌溉工程。公元 11 世纪，汉水流域灌溉工程又迎来了第二次发展高潮，尤其是宋金战争中，金人占据关中，宋朝以汉中为前方基地与金人对峙，为保证军饷供给，必然在当地发展农业，大兴水利，汉中三堰就是在这一历史背景下开始创建、发展。两宋时期，由山河堰、五门堰、杨填堰组成的汉中灌溉工程体系已初步形成，它们共同代表了汉中盆地灌溉农业的历史和科学技术，统称汉中三堰，至今仍在发挥着灌溉效益。

　　关于三堰最早的文字记载始于北宋初年山河堰的记录。北宋欧阳修在《司封员外郎许公行状》一文中，叙述许逖"出知兴元府，大修山河堰"。这次维修时间应在公元 998—1003 年。《杨从仪墓志铭》最早记载了杨填堰的修治。南宋乾道五年（公元 1169 年），杨从仪对杨填堰进行系统整修，"知洋州时，葺筑杨填堰，大兴水利，溉洋州、城固农田五千顷"。杨填堰的得名即为纪念杨从仪。南宋嘉定元年（公元 1208 年）宋刻《妙严院碑记》中提到斗山脚下，有"堉谷之水，截水作堰，别为五门，灌溉民田之利"，这是五门堰最早的文字记录。

宋元时期，汉中三堰得到系统整修和扩建，灌溉工程体系初步形成。《宋史·河渠志》中明确记载山河堰当时有六堰。南宋绍兴二十三年（公元 1153 年），利州东路帅臣杨庚修治山河堰。乾道元年（公元 1165 年）、乾道七年（公元 1171 年），兴元知府吴拱"发卒万人助役，尽修六堰，浚大小渠六十五，复见古迹，并用水工准法修定，凡溉南郑、褒城田二十三万余亩。昔之瘠薄，今为膏腴"。这是一次规模最大的整修，开创了山河堰灌溉历史上的鼎盛时期。南宋绍熙四年（公元 1193 年）夏，六堰被大水冲毁，绍熙五年（公元 1194 年），山河堰重修落成。元至正七年（公元 1347 年）至至正八年（公元 1348 年）年间，县令蒲庸兴堰务，在五门堰引水口重修 5 洞，修成长 18 丈、宽 1 丈 1 尺、深 4 仞的石渠，此时五门堰灌溉面积已达到 40840 亩。

明清时期，汉中三堰灌溉工程体系进一步发展完善，灌溉范围有所扩大。明清时期山河堰、五门堰曾多次复修加固。明弘治年间（公元 1488—1505 年），汉中府城固县令郝晟主持扩修五门堰的斗山石渠，时称石峡堰。经过系统整治维修，五门堰的灌溉面积达到了 5 万亩。明万历二十三年（公元 1595 年），城固知县高登明、洋县知县张书绅共同议决，将杨填堰进水闸仿五门堰做法修建五洞和两堤，并以木闸控制水流。这是继南宋杨从仪之后的一次大改建，当时灌城固田 7000 亩，洋县田 18000 亩。至清嘉庆十七年（公元 1812 年），杨填堰新增灌溉面积 23000 余亩，其中城固为 6800 余亩，洋县为 17000 余亩，约定整修费用按"城三洋七"分摊。

民国时期，汉中三堰仍保持传统的工程形式、灌溉用水及管理模式。1933 年，洪水冲毁五门堰拦河坝数十丈，汉中绥靖司令赵寿山派营长李维民率官兵抢修，堰复通水，秋谷丰收。1942年褒惠渠、1948年湑惠渠的建成，取代了原来的山河堰及五门、杨填堰。后因湑惠渠水量不足，1952年又重修五门、杨填旧堰，灌溉面积均有所扩大，五门堰由5300亩逐渐扩大到9300亩，杨填堰修复后灌溉马畅以西水田3183亩，1959年进一步将杨填堰分水和负担比例改为"城七洋三"。1975年建成了石门水库，重建褒河引水灌溉渠系，原山河堰所灌溉田亩尽纳入石门南干渠灌区之中，灌溉规模和保证率都有很大提高。2006年，五门堰被国务院列为全国重点文物保护单位。目前，山河堰灌溉面积19.5万亩，五门堰灌溉农田1.1万亩，惠泽3个镇3.66万人；杨填堰灌溉城固、洋县3个镇10个村共计1.21万亩农田，三堰灌溉面积共计21.81万亩。

第一章 概 述

汉中三堰位于陕西省西南部的汉中盆地，是汉江上游有代表性的有坝引水灌溉工程系统。汉中处于中国南北气候过渡带，气候湿润、降水丰富，多年平均降雨量 846.6 毫米，但雨量分布不均衡，易发生季节性水旱灾害，灌溉工程对农业生产尤为重要。历史上汉中盆地灌溉古堰数量众多，其中以褒河山河堰、湑水五门堰和杨填堰规模最大、历史最悠久、最有代表性，它们渠系相互衔接，组成一个有机整体，灌溉了汉中盆地核心地区，推动了区域农业发展，使其成为秦巴山区重要的产粮区。目前汉中三堰仍保存有 1000 多年来的用水方式和灌区管理形态，持续发挥着灌溉效益，直接灌溉面积为 21.81 万亩，是可持续灌溉工程的典范。

第一节 地理环境

地理环境决定着水资源的多寡、水资源的利用方式，也在一定程度上决定了灌溉的方式。汉中市特殊的地理位置、地形地貌和气象水文，决定了其独特的灌溉特点。

一、区位及自然概况

汉中市位于陕西省西南部，北接秦岭山脉，南临大巴山，总面积 27246 平方千米。西接甘肃，南连四川，东、北分别与陕西省安康地区、西安市和宝鸡市接壤。东西长 258.6 千米，南北宽192.9 千米，山区海拔高度为 1000 ～ 2000 米，最高处位于秦岭活人坪梁，海拔 3071 米。汉中盆地南北宽约 37 千米，东西长 116 千米，约占汉中地区总面积的 15.7%，可耕地以水田为主。人口 385.21 万，有效灌溉面积 126 万亩，年粮食总产量 68 万吨。

二、地形地貌

汉中属于陕南山地的一部分，四周群山环抱，中间是汉江上游谷地平坝。地势由平坝向南北逐渐升高，形成汉中盆地。盆地北部属秦岭山地，南部属巴山山地。西部与秦巴山地相连，嘉陵江纵穿其间，汉江干流横贯汉中盆地，于东部洋县、西乡复流入峡谷。支流密布，小型河谷平坝遍布群山之间。

全地区地貌分为平坝、丘陵、山区三大类型，呈东西走向条带状自然区域。山地面积占总面积的 75.2%，丘陵占 14.6%，平坝占 10.2%。平坝区范围，东至洪沟河，南以汉江为界，西至褒河，北到塬上、拐拐店、白基寺一线以南。土地面积约 30.39 万亩。区内人烟稠密，是全市粮油主要产地。平坝区属汉江、褒河冲积平原的河漫滩 I0、I1、I2 级阶地，海拔 478 ～ 540 米，南北比降为 1：132，属堆积成因地貌类型。地势北高南低，地形开阔平坦。由于新构造运动，使北部地壳上升较快，汉江河道不断向南侵蚀，逐渐形成如今的地貌景观。丘陵区属 I3 级阶地，分布于塬上—拐拐店—白墓寺一线以北地区，海拔 541 ～ 700 米，土地面积为 22.7 万亩。在曹寨—汉王一线以南为嵌入式阶地，沿陡坎高出 I2 级阶地 15 ～ 20 米，以北为基座式阶地。由于地形特殊，在

西汉时期，就修筑王道池、草池、月池、顺池等水塘，蓄水灌田。新中国成立后，又相继兴建650个塘库，构成新的水利网，使丘陵地区农业生产条件发生了根本性的变化。山区位于秦岭南坡，属秦岭东西构造带的一部分，为中心地貌类型。面积约27.69万亩，最高峰为溜石板梁，海拔标高2037.6米，相对高差为500～600米。区内沟谷纵横交织，重峦叠嶂，地形形态受岩石性质的控制，一般的岭峰均由石英岩、石灰岩等比较坚硬的岩石组成，其沟谷则多流经片岩、千枚岩等软弱岩层，因而使区内地貌特征表现为山高、谷深、坡陡，地形坡度在35～50度，河谷均呈"V"字形，岭峰均呈尖棱状，并形成许多悬崖岩壁和峡谷，山势甚为壮观。区内地貌在其发展历史上正处于壮年期阶段。区内主要以扬子准地台为地质构造单元，由湖相地层和河流冲积相地层组成，主要岩性为亚黏土、沙土、砂砾石等，基底为花岗岩、杂岩等。

三、土壤植被

灌区内土壤以黏土、亚黏土类钙质结核为主。灌区土壤按质地分为重壤、轻壤、沙壤三种，其中重壤、轻壤分布较广，沙壤次之。土层深厚，土质肥沃，结构紧密，理化性状好，呈微酸性，水、土、光、温匹配好，适耕性强。土壤有机质含量为2%。地表水和地下水径流排泄条件好，地下水平均埋深5～10米，储藏量比较丰富，综合补给模数为53万～170万立方米每平方千米，地下水流向从西北向东南方向。灌区气候、土壤、水、肥条件优越，适宜于水稻、油菜、小麦等作物生长。山河堰坝址以上流域内植物较为茂盛，自然植被较好，在流域的上游地区是以常绿混交阔叶林为主，中游大部分地区是灌木林及常绿混交阔叶林，下游及灌区主要是农田栽培植物。

四、山川河流

汉中市的河流均属长江流域，分为汉江和嘉陵江两大水系。

嘉陵江水系：分布在区内西部和西南部。干流自北向南，纵贯略阳、宁强两县，为过境大河，流域狭长。

汉江水系：汉江，又名汉水，境内部分古称沔水，为长江第一大支流。流经陕南宁强、勉县、汉中、城固，洋县、西乡、石泉、汉阴、紫阳、安康、旬阳、白河共 12 个县（市），进入湖北郧西，经十堰、襄阳、钟祥、仙桃等市（县），至武汉市汇入长江。全长 1577 千米，流域面积 159000 平方千米，其中陕境内流长 652 千米，流域面积 62335 平方千米，均属汉江上游。

汉江干流自西向东流经宁强、勉县、汉中南郑区、汉中市区、城固、洋县和西乡县境，横贯汉中盆地，是区内水系网络的骨架。境内支流流域面积在 1000 平方千米以上的有沮水河、褒河、湑水河、牧马河等 4 条。

汉江发源地尚无定论，一般认为《汉中府志》所载的传统说法石牛洞为源头，位于东经 106°14′，北纬 33°03′。从烈金坝到武侯镇长约 60 千米为江源峡谷段，大部分为山地，干流两岸谷坡较缓，源头汉王沟以及青泥河、五丁关河（宽川）均为泉流小溪，于烈金坝附近汇合后至大安小盆地北纳大林河，河流又进入曲折峡谷，至炭厂市会源玉带河，继至沮水铺会北源沮水河，至武侯镇出峡，比降为 1.25‰。

汉江过勉县即进入盆地，穿越汉中、城固、西乡，到洋县大龙河口复入峡谷。该河段长 105 千米，比降从 0.5‰～1.0‰，平

均 0.85‰；河面平时宽三四百米，洪水期宽一二千米；流域面积万余平方千米，平均宽 116 千米，中间形成东西长 100 千米、南北宽 5 ~ 25 千米、地面坡度 1° ~ 10° 的汉中盆地。盆地内良田广布，灌溉事业发达，人口稠密，为陕西开发较早的农业区之一，盛产稻谷，号称"鱼米之乡"。北有褒河、湑水河，南有养家河、濂水河、冷水河、南沙河等支流穿过盆地进入汉江。

（一）褒河

褒河，汉江上游左岸较大支流，位于陕西西南，地跨宝鸡、汉中两地市的太白、凤县、留坝、勉县、汉中 5 个县（市）。东西二源均出秦岭南麓，西源出凤县代王山秦岭海沟，东源为正源，出太白县太白山之灵湫，始称虢川河，南流过嘴头（太白县城），北纳七里川河后称红岩河，至留坝县江口东纳太白河后称太白河，过柳川初名中曲河，下行称西河；东纳上南河水，到武关驿有北栈河（留坝河）西来，改称北栈河，再会尚溪河，过马道后叫褒河，再南过青桥驿入汉中市境，至将军铺以下为勉汉两县（市）界河，经褒城，于梧凤乡孤山村入汉江。

褒河古称褒水，又有山河、乌龙江、黑龙江之称，元代一度称紫金河，明代称褒谷水。集水面积 3908 平方千米，上游支流发育，下游支流短小，纳大小支流 36 条，河系上宽下窄。河长 175.5 千米，江西营以上为上游段，分水岭海拔 3000 米左右，留坝以西在 2000米以上，褒、湑之间在 2000 米以下，山势开阔，河谷宽浅、宽窄相间成串珠状，两岸谷坡较缓，耕地较多；江西营至石门谷口为中游段，海拔为 560 ~ 1500 米，过武关驿后，河道进入峡谷，山势陡峻，河谷深切，水流湍急，有如"滚滚飞涛雪作窝，势如天上泻银河"的景象，河中巨石累累，多传说典故，有如击之有声的石鼓，光洁如玉可容五斗粮食的白玉盆，以及将军石、斩蟒石、蛤蟆石、鲤鱼石、五龙石等；河出谷后为下游的汉中盆地，河床多为砂卵石覆盖，河道由200米展宽至800米，河道冲淤变化显著，两岸发育漫滩阶地，农耕历史悠久，水利事业发达，民国时期的褒惠渠灌溉工程与石门遗迹亦久负盛名。

褒河水系处于暖温带及北亚热带，年雨量800毫米上下，支流多浅层地下水及岩溶水补给，多年平均径流量13.45亿立方米。山溪河流特点突出，径流沿程分布为上下小、中间大，界牌关至河东店区间年降雨可达900毫米以上，径流深450毫米，而河源及石门以下径流深300毫米以下，径流以汛期最多，5—10月约占年径流量的88%，洪水频繁，洪枯悬殊。1962年河东站洪峰流量2900立方米每秒，1981年高达6180立方米每秒，最小流量只有3.36立方米每秒。

（二）湑水河

湑水河是长江流域汉江水系的一级支流，古名左谷水、听水。源于周至县西南光秃山北财神岭下菜子滩沟，西北转西入太白县黄柏塬，转西南，于洋县平堵乡入城固县境，过小江口转东南流，于升仙村出谷，穿橘园，沿途纳大小支流19条。至县城东庙坡村注入汉江。

《水经注》记载："左谷水出西北，即婿水也。北发听山，山下有穴水，穴水东南流历平川中，谓之婿乡，水曰婿水。"据载，川有唐公祠，传说城固人唐公昉学道得仙，西汉孺子婴居摄二年（公元7年）入云台山服仙丹白日飞升，家人鸡犬一同上天。飞升时，婿行未还，不获同阶云路，遂居此乡，傍此水，因此得名。相传唐公湃乃唐公所修，后人立祠纪念。水南历婿乡溪，出山东南流，东经七女冢、张良渠（七女池、明月池），又经樊哙台南、大城固北、韩信台南，东回南转，由城东入汉水。

湑水河干流全长167千米，集水面积2340平方千米。谷口升仙村以上为上中游，穿行于秦岭山区，地形陡峭，河面宽15～50米，基岩多为花岗岩、千枚岩，峡谷间夹有阶地坝子，地下水丰富。橘园以下为下游，进入丘陵盆地，水流平缓，河床为砂卵石覆盖，冲淤不定，河心滩发育，河面宽度平水期200～300米，洪水期可达800～1000米。上游支流发育，下游支流短小，纳大小支流36条，河系上宽下窄。褒、湑之间海拔在2000米以下，山势开阔，河谷宽浅，宽窄相间成串珠状，两岸谷坡较缓，耕地较多。年径流总量10.3亿立方米，多年平均流量40立方米每秒。

其中山河堰位于褒河谷口，五门堰和杨填堰分别位于城固县北湑水河岸边。

五、气象水文

汉中在全国气候区划中属华中北亚热带湿润气候大区——秦巴区。秦巴区气候的基本特点为：四季分明，夏无酷暑、冬无严寒，春季升温迅速，间有"倒春寒"现象，秋凉湿润多连阴雨。年平均气温14.1℃～14.5℃，极端最低气温–14.3℃（留坝1975年观测值），极端最高气温39.7℃（西乡1959年观测值）。全区多年平均日照数为1300～1780小时，平坝地区为1636～1768小时，平均无霜期212～254天，全年阴天多，湿度大，年平均风速1.0～2.1米每秒，区内以西南风为主。

汉中市雨量充沛，全市平均降水量800～1700毫米，山区大于平坝，巴山大于秦岭，东南部大于西北部。巴山山区年平均降水量 1000 ~ 1700 毫米，汉中、西乡盆地各县年平均降水量 800 ~ 900 毫米。秦岭南坡以褒河为界，以东，由南向北递增，变幅 900 ~ 1000 毫米；以西，由北向南递增，变幅 750 ~ 950 毫米。降水在季节分配上亦不均衡，一般表现为夏秋多雨、冬春偏旱，其中以 7—9 月降水最多，雨量占全年的 53.8% ~ 58.5%，该时段亦是暴雨的多发季节。5 月下旬至 6 月中旬、7 月下旬至 8 月中旬为两个少雨时段，易发生夏旱和伏旱。区内降水年际变化较大，时空分布不均。

全区多年平均径流深 300 ~ 1000 毫米，其中灌区内的平坝丘陵区为 300 ~ 400 毫米，区内径流量年内分配不均，7—10 月径流量占全年径流量的 62% ~ 76%，6 月份（一般为农田用水高峰期）径流量只占年径流量的 4.9% ~ 7.0%，流域内年际径流变化也较大。根据多年的水文实测资料分析，年径流量最大值为最小值的 4 倍多。区内地下水主要由降水和地表水的入渗补给。全市地下水多年平均综合补给量 31.75 亿立方米每年，其中汉中盆地可开采量为 4.01 亿立方米每年。

六、自然灾害情况

汉中的自然灾害有水灾、旱灾、风灾、雹灾、低温冻害、农作物病虫害、地震、滑坡泥石流。对农业生产影响最大的水灾和旱灾，也是汉中市的主要自然灾害。水灾和旱灾呈现特点：旱灾和洪涝灾害交错发生，或一年当中先旱后涝此起彼伏；或连年干旱，或连年洪涝。据史料统计旱灾情况：汉惠帝五年（公元前 190 年）到 1995 年的 2185 年中，汉中境内共发生旱灾 117 年次。主要有春旱、夏旱、秋旱、春夏旱、夏秋旱、春夏秋连旱类型。春旱多发生在 3、

4月，正值小麦返青、拔节、孕穗阶段，对夏季作物危害较重。夏旱多出现在5、6月，是小麦灌浆、水稻插秧期，影响小麦收成，延误插秧和秧苗生长。夏秋旱（伏旱）一般发生在7月下旬和8月上旬，影响秋作物的扬花授粉、抽雄吐穗，群众称为"卡脖子"旱，危害极大。主要特征为：大范围灾害年份多；夏旱为主，伏旱突出；连季旱，连年旱；先旱后涝，久旱久涝。据史料统计水灾情况：西汉高后三年（公元前185年）至1985年的2180年中，发生水灾196次，其中大灾63年。西汉至清代汉中水灾143次，民国年间水灾22次，中华人民共和国成立以后（1951年至1992年）发生水灾31年次。洪水灾害主要发生在5—10月。一次历时，秋季长者5日左右，夏季短者一二日即逝。水灾出现带有一定区域性，大部分为沿江两岸农田、村镇受灾。灾害范围较大、季节明显，地区差异显著。

（一）历史上的汉中水灾

西汉高后三年（公元前185年），夏，江水、汉水溢，流四千余家。（《资治通鉴》）

西汉高后八年（公元前180年），夏，汉中、南郡水复出，流六千余家。（《汉书》）

东汉建安二年（公元197年），秋九月，汉水溢，流人民。（《陕西通志》）

东汉建安二十四年（公元219年），八月，大霖雨，汉水溢。（《资治通鉴》）

晋咸宁三年（公元277年），六月，汉中暴水杀人，九月又大水。（《汉中府志》）

宋大中祥符九年（公元1016年），八月，利州水，漂栈阁。（《宋

史》）

宋绍兴二十八年（公元1158年），六月兴、利二州及大安军大雨，水流民庐，坏桥栈，死者甚众。（《汉中府志》）

宋淳熙十六年（公元1189年），五月，利西诸道霖雨。（《陕西通志》）

宋绍熙四年（公元1193年），夏，黑龙江大水，山河堰尽决。（《汉中府志》）

明洪武五年（公元1372年），六月，大雨，汉水暴溢，巨木蔽江而下。（《汉中府志》）

明洪武二十三年（公元1390年），秋八月淫雨，汉水暴溢。（《古今图书集成》）

明洪武二十九年（公元1396年），褒水涨，打坏褒城县钟坝民舍。（《褒城县志》）

明永乐十四年（公元1416年），五月庚申，汉水涨溢，公私庐舍淹没无存。（《汉中府志》）

明成化六年（公元1470年），汉水涨溢，高数十丈，城郭居民俱淹没。（《陕西通志》）

明嘉靖十一年（公元1532年），夏，汉中大水。（《陕西通志》）

明嘉靖十八年（公元1539），七月，汉江涨，漂坏民舍。（《南郑县志》）

明嘉靖二十一年（公元1542年），夏，大水，漂流民居。（《南郑县志》）

明嘉靖二十九年（公元1550年），乌龙江（褒水）涨，漂打钟坝民舍。（《汉中府志》）

明崇祯七年（公元1634年），六月，连雨四十日。（《陕西通志》）

明崇祯十六年（公元 1643 年），汉中各县水。（《甘肃通志》）

清顺治四年（公元 1647 年）八月，暴雨两日夜，汉水泛涨，田苗尽伤，大饥。（《汉中府志》）

清康熙元年（公元 1662 年），六月，大雨六十日。（《汉中府志》）

清康熙二年（公元 1663 年），六月，汉江大水，又雷雨，大风拔禾。（《汉中府志》）

清康熙八年（公元 1669 年），汉中各县大水。（《汉江洪水年表》）

清康熙十八年（公元 1679 年），九至十月淫雨四十日，如倾盆者一日夜，大水漂没民居。（《汉中府志》）

清康熙二十七年（公元 1688 年），雷雹交加，风狂雨暴，水涨甚猛，树木连根蔽江而下，沟渠桥梁尽壅圮。（《汉中府志》）

清康熙三十七年（公元 1698 年），南郑等十二州县水灾。（《中国历代自然灾害大事记》）

清康熙四十二年（公元 1703 年），汉中府属南，褒、沔等七州县被水。（《汉中府志》）

清乾隆三年（公元 1738 年），四、五两月以来，阴雨连旬浃月，收成歉薄，止有五、六分不等。（《故宫奏折抄件》）

清嘉庆六年（公元 1801 年），汉中各县八月初旬直至九月末后，阴雨连绵。（《故宫奏折抄件》）

清嘉庆十五年（公元 1810 年），汉中水灾，山洪暴发，田地受冲，青黄不接，民力不无拮据。（《故宫奏折抄件》）

清嘉庆十八年（公元 1813 年），汉属秋涝（多雨），稻苗半槁，年岁大荒。（《续修陕西通志稿》）

清嘉庆二十年（公元 1815 年），沿河田地被水冲沙压，营田亦被水冲刷。（《故宫奏折抄件》）

清嘉庆二十四年（公元 1819 年），阴雨连绵，乌龙江泛滥，冲去民房二百余间。汉江涨溢，直灌城根，水深二三尺，浸倒民房四百余间。东北两乡近城处所，秋禾亦多被淹。（《故宫奏折抄件》）

清咸丰二年（公元 1852 年），七月十七日大水，决小南门入城，庐舍坍塌无算，兵民溺死者三千数百名。（《汉江干流及主要支流洪水调查资料汇编》）

清光绪十年（公元 1884 年），自闰五月以来，连次大雨，或山洪暴发，或河流泛滥，淹没田庐人丁。（《故宫奏折抄件》）

清光绪十二年（1886 年），六月二十一日至二十五日，连日大雨，河水涨发，东西北三乡被冲草房二百余间。漂失男女人丁数十。（《故宫奏折抄件》）

清光绪十四年（公元 1888 年），六月初一日至初六日连日大雨，势若倾盆，河水泛滥，山水涨发，田地房屋各有被淹。（《故宫奏折抄件》）

清光绪二十九年（公元 1903 年），七月二十九日，汉江涛，水淹至南关镇江楼，为数十年罕有之灾。（《汉江干流及主要支流洪水调查资料汇编》）

清宣统三年（公元 1911 年），南郑、佛坪、留坝被水，冲塌房地。（《故宫奏折抄件》）

民国十年（公元 1921 年），六七月间，连降大雨，兼旬不止，山洪暴发，河水陡涨，冲毁田禾，浸没房屋，秋收无望，被灾甚重者七八十村，幅员数百里，地方辽阔。（《秦中公报（1915—1925）》）

民国十二年（公元 1923 年），水灾。（《秦中公报》）

民国十四年（公元 1925 年），夏季多雨，以致山洪暴发，江河泛涨，冲毁田房，漂没人口不计其数。（《秦中公报》）

民国十九年（公元 1930 年），汉江暴涨二至三丈，沿江一带居民多被冲没。（《陕灾周报》）

民国二十年（公元 1931 年），周寨、张寨、范寨等处，山洪屡发，冲毁田禾。沙河、青桥，马道等处亦均漂没田地。七月十七日大雨如注，河水陡涨，北门处李家桥堤坎冲崩，当其冲者均被淹没，损坏田地房屋，漂去衣物粮食、牲畜甚多，水势泛滥延及东门外护城桥，桥之左右及瓮城内商号均水深数尺。（《中国第二历史档案馆陕西灾情档案》）

1949 年，自九月二日以后，阴雨连绵约 60 天。九月二日至十八日，大雨始终未停，16 天降雨 440 毫米。九月十一日连续降雨 24 小时，雨量达 150 毫米。（《褒惠渠各项工程损坏情形及修复办法呈》）

（二）历史上的汉中旱灾

汉惠帝五年（公元前 190 年），夏大旱，江河水少，溪谷水绝。（《中国历代自然灾害大事记》）

晋太康六年（公元 285 年），春三月，梁郡固旱。（《陕西通志》）

晋元康七年（公元 297 年），七月雍、梁州疫，大旱。（《晋书》）

晋永嘉三年（公元 309 年），三月，江，汉，河，洛皆竭，可涉。（《晋书》）

晋太宁三年（公元 325 年），四月，雍、梁州大旱。（《陕西通志》）

唐永淳元年（公元 682 年）三月，京畿旱蝗，关中及山南二十六州饥。（《兴安府志》）

唐垂拱元年（公元 685 年），五月，汉中旱。（《陕西通志》）

宋天禧四年（公元 1020 年），利州路春旱。（《陕西通志》）

宋天禧五年（公元 1021 年），利州路旱。（《宋史》）

宋绍兴六年（公元 1136 年），利州路大饥，斗米四千，路饥枕籍。（《甘肃通志》）

宋淳熙十一年（公元 1184 年），陕西四至八月，兴元府，金、洋州旱，兴元府尤甚，冬不雨至明年二月。（《古今图书集成》）

宋庆元三年（公元 1197 年），利州路旱。（《陕西通志》）

宋嘉泰元年（公元 1201 年），利州路旱。（《甘肃通志稿》）

金大安三年（公元 1211 年），连年旱。以 1212 年、1213 年、1216 年、1218 年为甚。（《二申野录》）

元延裕元年（公元 1314 年），汉中、兴元、凤翔、泾州、颁州春正月岁荒。（《古今图书集成》）

明洪武四年（公元 1371 年）陕西旱，饥，汉中尤甚。（《二申野录》）

明宣德元年（公元 1426 年），汉中旱，三年又旱。（《汉中府志》）

明景泰元年（公元 1450 年），大旱。（《重刻汉中府志》）

明弘治十四年（公元 1501 年），陕南大旱。（《明实录》）

明弘治十七年（公元 1504 年），汉中夏旱。（《重刻汉中府志》）

明正德五年（公元 1510 年），连年荒旱，民多流移。（《明实录》）

明嘉靖元午（公元 1522 年），夏秋旱。（《重刻汉中府志》）

明嘉靖十六年（公元 1537 年），夏旱。（《南郑县志》）

明万历五年（公元 1577 年），汉中道殣相望。（《汉中府志》）

明崇祯九年（公元 1636 年），旱。（《重刻汉中府志》）

明崇祯十二年（公元 1639 年），夏旱。（《重刻汉中府志》）

明崇祯十三年（公元 1640 年），秋，全陕大旱，饥。十月粟价腾踊，日贵一日，斗米三钱，至次年春十倍其值，绝粜罢市，木皮石面皆食尽，父子夫妇相剖啖，道殣相望，十亡八九。（《古今图书集成》）

清康熙三十年（公元 1691 年）洋县大旱，夏秋无收，民大饥，疫疠横行，家户相连。（《洋县志》）

清嘉庆十八年（公元 1813 年），夏旱，稻苗半槁，年岁大荒。（《续修陕西通志稿》）

清光绪三年（公元 1877 年），四月十五日大冰雹，或如鸡卵。干旱，田地无收，赤地千里，大旱饥馑，斗粟千钱。（《汉中府志》）

清光绪十七年（公元 1891 年），四月以来，陕西未得透雨，北山秋禾多未播种。南山稻秧分插亦未过半。各属包谷、糜粟等亦未能如期普种，农田望泽甚殷。（《故宫奏折抄件》）

民国四年（公元 1915 年），本年夏收全无，秋粮颗粒无登，灾情之大，全省皆然，致流亡载道，卖妻鬻子，层见叠出。（《陕灾汇刊》）

民国十七年（公元 1928 年），自春徂秋，滴雨未沾，井泉涸竭，泾、渭、汉、褒诸水，平时皆通舟楫，今年夏间断流，车马可由河道通行。多年老树大半枯萎。三道夏收秋收统计不到二成，秋季颗粒未登，春耕又届愆期。陕南各属更以历年捐派过重之故，现今告罄，人民无钱买粮，其他树皮草根采掘已尽，赤野千里，树多赤身枯槁，遍野苍凉，不忍目睹。（《陕西赈灾汇刊》）

民国十八年（公元 1929 年），旱灾尤重，收获不及二十分之一，树皮草根掘食已尽，死亡载道。（《中国第二历史档案馆之陕西灾情档案》）

民国二十八年（公元 1939 年），南郑县武乡镇旱灾。（《陕西省政府工作报告 1939—1944》）

民国三十年（公元 1941 年），亢旱成灾。（《陕西省政府工作报告 1939—1944 年》）

第二节　社会经济状况

汉中是我国重要的水稻产区，也是陕西省的稻米商品生产基地，常年种植面积 160 余万亩，面积和产量均占全省的 70%。主要粮食作物为水稻，其次是小麦、玉米和豆类。目前灌区的经济效益除来自粮食生产之外，还包括油菜、茶叶、蔬菜、水产等经济作物的效益，油菜种植面积最大，经济价值高，是汉中经济的重要组成，也是灌区农民的主要经济来源。2022 年，全市生产总值达 1905.45 亿元，增长 4.3%。城乡居民人均可支配收入分别达 38776 元和 14224 元，增长 4.5% 和 7.2%。

一、行政区划与人口

（一）行政区划

夏代，境内有褒国。《史记·夏本纪》载："禹为姒姓，其后分封，用国为姓，故有夏后氏、有扈氏……褒氏……"《国语·郑语》及《史记·周本纪》中均记有夏末褒国国君化龙故事。褒国地望在今汉中地区中部汉江以北、秦岭以南一带。商代汉中属于褒国（汉江以北）及古蜀国（汉江以南）。西周先后属梁州、雍州。

汉中之名最早出现于西周中期，据《吕氏春秋·季夏纪·音初》："周昭王亲将征荆……王及蔡公殒于汉中。"春秋时期，汉中一

带是楚国的范围，"楚有汉中，南有巴、黔"，与"南有巴、黔"相对，可见，汉中是楚的北界，位于现湖北西北部一带。汉中，取自汉水之中之意，西周至战国，汉中指汉水中游的郧阳一带。秦惠文王更元十三年（公元前312年），秦楚丹阳之战，战场在今湖北西北部的丹江一带，属汉中，秦兵出武关攻楚，楚军战败，秦军"遂取汉中之地"，占领的即为郧阳一带。

春秋战国时，汉中境内为南郑地。周平王二十一年（公元前750年），褒国被庸国所灭，南郑为庸国所有。周匡王二年（公元前611年），楚庄王联合巴国、秦国击败庸国，分割庸国土地而置汉中郡（汉水之中之意），另设上庸、南郑、武陵、长利等县。

战国中期，南郑是秦蜀争夺的要地。秦厉共公二十六年（公元前451年），秦国进攻南郑，蜀人一时手忙脚乱，人力粮草等补给供应不上，丢失了南郑，秦左庶长修筑南郑城。蜀人在其后的10余年时间里，不断集结兵力反攻，秦躁公二年（公元前441年）南郑叛秦。

公元前387年，秦国再度大举进攻蜀国，夺取南郑，《史记》中写道"伐蜀，取南郑"，但不料，蜀国再次反攻，占据南郑（公元前368年）。

商鞅变法后的秦国，成为日益强大的军事强国。公元前316年，秦国张仪、司马错等率军灭蜀吞苴，褒汉之地尽归秦。公元前312年，秦攻楚，取楚地六百里置汉中郡，为秦初三十六郡之一，郡治初设南郑县（今汉中市汉台区境内），汉中地名遂由汉水中游的郧阳移至汉水上游南郑，即今汉中。

秦末，霸王项羽灭秦后分封诸侯，刘邦被封为汉王，都城南郑（今汉中汉台区境内），所辖汉中，巴，蜀。西汉初，郡治迁至西城县（今安康市汉滨区境内）。西汉元封五年（公元前106年），汉武帝在全国设十三刺史部。汉中郡隶属于益州刺史部。

东汉初郡治复还南郑县（今汉中市汉台区境内）。东汉末，张鲁割据汉中，改为汉宁郡；建安二十年（公元215年），曹操征降张鲁，又改为汉中郡；建安二十四年（公元219年），刘备据汉中，称汉中王，仍设汉中郡。

三国时，汉中隶属于蜀汉政权。魏景元四年（公元263年）魏灭蜀汉，分梁、益二州，梁州领八郡，治于南郑。

晋太康十年（公元289年）改设汉国，不久即废。

南北朝时，汉中先后属刘宋、萧齐、北魏、萧梁、西魏、北周，境内设梁州、兴州（今略阳县）、洋州（今西乡县），并侨置秦州及70多侨县。

隋初，境内仍置梁、兴、洋州，后改为汉川郡、顺政郡、洋川郡。

唐代设梁州总管府，后改为都督府，下设梁、兴、洋、集4州；贞观元年（公元627年），废府设道，汉中属山南道；开元二十一年（公元733年），山南道分为东、西两道，汉中属山南西道，道治设于南郑（汉中）；天宝元年（公元742年）设汉中郡、洋川郡、顺政郡；后又改为梁州、洋州（今洋县）、兴州；兴元元年（784年），唐德宗避朱泚之乱，车驾幸梁州。改梁州为兴元府，道、府同治于南郑，开中国历史上用帝王年号命府名之先河，兴元府地位同于京都长安、东都洛阳、北都太原。

五代十国时期，前蜀、后唐、后蜀先后据有汉中，仍设兴元府及洋、兴二州。

北宋至道三年（公元997年）境内置兴元府及洋、兴二州，属峡西路［即"峡路"，路治夔州（今重庆奉节）］。熙宁五年（公元 1072 年）设利州路（川峡四路之一）及所属兴元府，治所均设于汉中。利州路辖秦岭以南、长江以北地区。南宋绍兴十年（公元 1140 年）分利州路为利州东、西两路，东路治设于兴元（汉中），西路治设于兴州（略阳）；后利州东、西路几经分合。

南宋景定三年（公元 1262 年），设立陕西四川行中书省。元至元二十三年（公元 1286 年），将陕西四川行中书省分成陕西等处和四川等处两个行中书省。为了加强对四川地区的控制，防止历史上蜀地多次割据、对抗中央王朝的情况发生，始设兴元路于汉中，由陕西行中书省管辖。

明洪武三年（公元 1370 年）改路为府，设汉中府。

清代设陕安道于汉中，辖汉中府、兴安府（今安康市）。

民国元年（公元 1912 年），废陕安道。民国二年（公元 1913 年）2 月，废府、州、厅制，州及厅改称县。民国三年（公元 1914 年）1 月，设立汉中道，治设于南郑，领陕南 25 县：南郑、褒城、沔县、城固、洋县、西乡、镇巴（定远厅改名）、佛坪、略阳、宁羌、留坝、凤县、安康、岚皋、石泉、汉阴、宁陕、洵阳、紫阳、平利、镇坪、白河、镇安、商南、山阳。民国十七年（公元 1928 年），废汉中道，各县直隶于省，境内有南郑、城固、洋县、沔县、西乡、镇巴、宁羌、略阳、留坝、佛坪、褒城 11 县。民国二十四年（公元 1935 年），省在汉中设第六行政督察区，专员公署驻南郑，辖南郑、褒城、沔县、略阳、凤县、留坝、洋县、西乡、佛坪、城固、镇巴、宁羌 12 县。1949 年 5 月后，关中及西安解放，国民党陕西省军政机关南逃汉中。9 月，汉中分设东、西两专员公署，东署驻城固，辖东 6 县，西署驻沔县，辖西 6 县。12 月 6 日，汉中解放，设陕甘宁边区陕南行政区汉中分区。1951 年 2 月，撤销陕甘宁边区陕南行政区汉中分区，改设南郑专区，隶属陕西省。1953年6月，南郑专区改称汉中专区。1969年1月，汉中专区改为汉中地区。1996年2月21日，撤销汉中地区，改为地级汉中市。截至2022年，全市辖汉台区、南郑区、洋县、城固县、留坝县、勉县、镇巴县、宁强县、佛坪县、略阳县、西乡县2区9县。

（二）人口

汉中人口中，居住历史久远的土著居民不多，绝大部分由明、清及民国时期迁徙而来。据有关资料载，夏、商、西周时期，汉中城北有褒国，褒人居此。西周末，姬姓郑人由关中的凤翔、华县南迁而来。战国至秦，关中一批人迁入本地，四川部分居民也迁入汉中。两汉之交，汉中是重要的战场，汉中王刘嘉、武安王延岑、蜀王公孙述先后占领汉中，且汉中受到西羌的侵略。据匡算，东汉末汉中人口为16万。张鲁统治汉中时期，流民不断涌入。关中数万户由子午谷入汉，张鲁予以妥善安置。巴郡（今四川嘉陵江流域及以东地区）宕渠（今四川渠县）賨人迁居汉中，时境内人口在23万左右。曹操征张鲁取汉中后，为使刘备无所资以北伐，用张既计，拔汉中民数万户以实长安及三辅（今关中地区）；后令都汉中军事杜袭徙百姓8万余口至洛阳（今河南洛阳）和邺县（河北磁县），令张既徙武都氐（今汉中沮水流域）5万余口居扶风、天水。这是汉中人口史上最多的一次迁出。三国、两晋、南北朝时期，汉中境内战乱不休，人口耗损甚大，其人口到南朝末仅有5万左右。隋唐时期，汉中人口有所发展。德宗避居汉中时，人口在10万左右。唐后期，藩镇割据，战乱不休，汉中人口又有损耗。宋、元时期，汉中人口增长缓慢。明朝，汉中首任知府费震招抚流民，鼓励其发展生产，汉中人口逐步增长。到洪武二十六年（公元1393年），

汉中人口达 32 万。清初，汉中因战乱等原因，形成"十家九户客，百年土著无"的局面。当局鼓励移民迁入，发展经济。迁入汉中的移民，多为湖北、湖南、四川人，次则安徽、广东、广西、河南、贵州人，福建、江苏、江西等省也有移入者。民国十八年（公元 1929 年）迁入者多为广东、广西、河南、贵州人，福建、江苏、江西等省也有移入者。汉中人口在乾隆年间猛增到 102 万。清宣统三年（公元 1911 年），汉中人口为 171.6 万。民国十八年（公元 1929 年）汉中大旱，继之又遇雪灾、水灾和瘟疫，到 1937 年，人口减至 145.4 万。1949 年底，汉中人口为 188.1 万。新中国成立后，一度汉中人口猛增，1964 年达 244.6 万。20 世纪 70 年代后，实行计划生育政策，遏制了人口过快增长的势头。2006 年底，汉中总人口为 376 万人。根据第七次人口普查数据，截至 2020 年 11 月 1 日零时，汉中市常住居民为 3211462 人。

二、农业发展

汉中地区气候温和，土地肥沃，降雨量充沛，适宜发展农业。早在 7000 多年前的李家村、何家湾新石器遗址的红烧土块中已经发现有稻壳痕迹，还有一些垦荒翻地、收割庄稼的石质工具以及脱壳、去糠、磨粉用的粮食加工工具等，说明当时汉中地区的先民们已经开始了稻作农业。20 世纪 50 年代，城固、洋县区域陆续发掘出了商代的酒器，说明殷商时期汉中地区的粮食生产已有剩余，可用来酿酒。秦汉时期，汉中先是作为秦一统天下的后方基地，后又成为刘邦建立汉朝的厉兵秣马之地，在历史上有重要的地位，尤其是萧何留守汉中时期，推动了农业的发展。汉代汉中地区仍以水田农业为主，20 世纪 60 年代发现的东汉墓葬中的陂塘和水田模型，更是当时水田农业的实证。三国建安年间，刘备夺取汉中后，汉中成为蜀汉的北伐基地，诸葛亮推行军事屯田，设立督农机构，使汉中地区由于战争而荒废的农田得到恢复。两晋南北朝时期汉中地区战乱不断，人口流失严重，给农业发展带来严重影响。与此同时，由于氐、羌、獠等大量少数民族迁入汉中，农业经济形态发生变化，水田农业和渔猎经济并存。冬小麦由关陇流民带入汉中，并在汉中盆地西部浅山播种，逐步普及。隋唐五代时期，整体农业发展并没有恢复到东汉时期，但是由于汉中地区自然条件较好，在政治稳定、没有战乱的时期，农业还是有所发展。这一时期，汉中盆地已经普遍推行稻麦复种制。唐代边塞诗人岑参在《过梁州奉赠张尚书大夫公》[①]一诗中描述麦苗的生长状态："芃芃麦苗长，蔼蔼桑叶肥。"同时岑参又有"唱歌江鸟没，吹笛岸花香"[②]"水种新插秧，山田正烧畲"[③]的诗句，描述了汉中地区稻花飘香、水田插秧的不同情景。唐宣宗大中年间诗人郑谷《送祠部曹郎中邺出守洋州》[④]一诗也提到洋州（今洋县）秋天"开怀江稻熟，寄信露橙香"，晚唐诗人薛能在《西县途中二十韵》[⑤]中也有"野客误桑麻，从军带镆铘""野色生肥芋，乡仪捣散茶"的诗句。这些都可以看出，唐代汉中地区稻麦复种的农作物结构已经定型，同时一些经济作物如蚕麻、茶叶、柑橘等也始成规模。

　　两宋时期，是汉中地区农业发展的高峰时期，依然保持着稻

① 《全唐诗》卷 198。
② 《全唐诗》卷 200。
③ 《全唐诗》卷 198。
④ 《全唐诗》卷 674。
⑤ 《全唐诗》卷 561。

麦复种的种植结构，水稻是最为主要的粮食作物。宋代诗人文同这样描述当时的汉中："平陆延袤，凡数百里，壤土演沃，堰埭棋布，桑麻秔稻之富，引望不及。"① 另外有诗这样描绘汉中稻田连片的场景："汉中在昔称梁州，地腴壤沃人烟稠。稻畦连陂翠相属，花树绕屋香不收。"② 这一时期，由于北方人民大量迁入，加上政府倡导，小麦种植得到进一步发展。20 世纪 70 年代，在汉中文物调查工作中发掘出南宋绍兴十九年（公元 1149 年）洋州知州宋莘所立《劝农文》碑，此碑高 96 厘米、宽 65 厘米、厚 18 厘米，碑额右行横刻篆书"劝农书"三字，字径 8 厘米，碑分上下两段，上段刻"序文"28 行，每行 28 字；下段刻"劝农文"十条，计 29 行，满行 12 字。其中提到："余尝巡行东西两郊，见□稻如云雨，稻田尚有荒而不治者，怪而问之，则曰：'留以种麦'。夫种稻而后种麦未晚也，果留其田以种麦，使变成□□（荒芜），则一年之事废矣，其如公赋何。"③ 洋州是今洋县前身，隶属兴元府（今汉中），宋莘劝谕洋州地方农民要勤于施肥、精耕细作、一年两种，推广稻麦复种。此外，宋代的经济作物种植也十分广泛，桑树种植催生了纺织品发展，洋州成为重要的丝织品产地，茶场也在此广泛设置。汉中的气候还十分适应柑橘类水果的生长，宋代柑橘的种植已经十分广泛，宋代抗金将领吴玠在对金作战时，曾以抛柑橘向金人示威，《宋史·吴玠传》记载了这段趣事："玠自河池日夜驰三百里，以黄柑遗敌，曰：'大军远来，聊用止渴'，撒离喝大惊，以杖击地曰：'尔来何速耶！'遂大战饶凡岭。"

---

① 黄淮、杨士奇：《历代名臣奏议》，上海古籍出版社，2012，卷 220，第 2919 页。
② 吴泳：《鹤林集》，商务印书馆影印文渊阁四库全书本，卷 2。
③ 陈显远：《陕西洋县南宋〈劝农文〉碑再考释》，《农业考古》1990 年第 2 期。

农业经济的发展，刺激了水利灌溉事业进一步发展，两宋时期，是汉口水利发展的重要时期。

元代汉中一度成为蒙古用兵四川的重要粮食补给基地。嘉熙元年（公元 1237 年），女真人瓜尔佳隆古岱向窝阔台提出在兴元府屯兵屯田的建议，"择良腴便水之田，授以耕耒，假与种牛，俟秋谷收，什税四三，储之于庾，守之以吏，征蜀之师，朝至而夕廪焉"[1]。窝阔台采纳了这个建议，在兴元屯兵聚粮，兴元成为蒙古在四川作战的军事基地。此后又在兴元设置秦蜀行省和四川行省治所。[2] 因为两宋以来农业的发展加上水利灌溉设施的大量修建，元代汉中盆地的农业经济发展呈现出蓬勃发展的生机。元世祖时，马可波罗游历至汉中时，记载了当时农业发展的盛况："此地出产生姜甚多输往契丹全境，此州之人恃此而获大利。彼等收获稻麦及其他诸谷，量多而价贱，缘土地肥沃，宜于一切种植也"[3]。

明清时期汉中盆地的水利建设较之宋元时期有更进一步发展，汉中三堰在这一时期得到新的维修和扩建，其他堰坝水渠也越来越多，由此农作物尤其是水稻种植更为广泛。明人何大复《椆叶集》盛赞汉江平川"其北至褒，西至沔，东至城固，方三百余里，崖谷开朗，有肥田活水，修竹鱼稻，棕榈橘柚"[4] 嘉靖《汉中府志》也载汉中江水两岸"畎浍周布……悉茂稻粮。每秋成之望，多稼

---

① 姚燧：《牧庵集》卷十六《兴元行省瓜尔佳公神道碑》。

② 谭其骧：《元陕西四川行省沿革考》，载《长水集》（上册），人民出版社，1987。

③ 马可波罗：《马可波罗行记》第 112 章《蛮子境内之阿黑八里大州》，冯承钧译，上海书店出版社，1999。

④ 嘉庆《汉南续修郡志》卷二八。

如云，露积如坻"[1]。明代嘉靖时汉中所产水稻还被征调到西安府及甘肃省，其中运往西安永丰仓的稻米有时多达 1959 石[2]。清代嘉庆汉中知府严如熤《喜雨词》云："早稻粒坚壮，迟谷亦扬穗"[3]。这一时期，由于湖、广、川、贵等南方移民的大量流入，汉中地区的山区荒地得以开垦，稻作农业在山地也得以推广。由于水利灌溉事业的发达，稻作农业在明清时期显现出了明显的优势。清代，为解决下游水源紧张、稻田得不到及时灌溉的情况，还将水稻品种改进，分为旱秧和水秧两种。"旱秧耐旱力强，移栽期可较水秧迟半月，且移栽后生长迅速，生育旺盛，但米质较水秧稍差，故得水早且丰之田，多种水秧，反之则多用旱秧……杨填堰所灌之田，得水较迟，水量复嫌不足，大部皆用旱秧，种小麦，尤以下游之田为最显著，且于干旱之年，渠水枯竭，夏季亦常有不得不改种玉蜀黍之苦衷……而对于冬季作物之选择，则不若堰田之有规可循，冬水田甚少，主见于丘陵地区，以冬季蓄水，仅能种稻米一季。"[4]"洋县之杨填堰，吴武安王令将军杨从仪修治者，而淌水、溢水及汉江南之小沙河，并华阳之酉水，北山之蒲河、焦河、西岔河，引而成渠者，通计灌田近十万亩……汉中农民种田，粪土之宜全所不知，即水田中灰饼之类，从无使用者，田多之户，开种苕华一二块，以为肥田用，然亦寥寥，水田夏秋两收，秋收稻谷，中岁乡斗常三石（京斗六石）。夏收城洋浇冬水之麦亩一石二三斗，

---

① 《续修陕西通志稿》卷三《田赋志》。
② 嘉庆《汉南续修郡志》卷二七。
③ 嘉庆《汉南续修郡志》卷二八《艺文》。
④ 王德基、陈恩凤、薛贻源，等：《汉中盆地地理考察报告》，三秦出版社，2016年，第 176 页。

他无冬水者，乡斗亩六七斗为常。稻收后即犁而点，麦收后又犁而栽秧，从不见其加粪，恃土力之厚耳。旱地以麦为正庄稼，麦收后种豆、种粟种高粱、糁子。上地曰金地、银地，岁收麦亩一石二三斗，秋收杂粮七八斗……"[①] 相比之下，麦类作物发展较为缓慢，到嘉靖年间小麦种植明显少于水稻。清代汉中地区开始推广冬水灌溉麦田，在一定程度上提高了小麦的产量，尤其是康熙汉中太守滕天绶和嘉庆时期严如熤两任地方官，提倡引水灌溉冬麦田技术，"'苟能及秋再浚，则冬水且汩汩而不竭。矧汉南气燠，无坚冰，冬水□活，无不可灌者。若之，何其不麦？'民从之，果验，于是始知岁有两秋，而民日以裕。"[②] 这种稻麦两熟的推广方式，对汉中的农业尤其是小麦种植起到了推广作用。

此外，明清时期，外来经济作物的新品种也陆续传入，如玉米、薯类等，丰富了汉中盆地的农业种植结构。桑蚕、茶叶、棉花、烟草、木耳、柑橘仍是重要的经济作物。至清代，这一农业种植结构基本定型，延续至今没有重要变化。目前，汉中农业农作物一年两熟，水旱轮作，复种指数190%。粮食作物以水稻为主，小麦、豆类次之，经济作物以油菜、蔬菜、果树为主。

2021年，汉中市的生产总值为1768.72亿元，同比增长8.2%。其中，第一产业增加值273.60亿元，同比增长6.4%；第二产业增加值755.08亿元，同比增长7.9%；第三产业增加值740.04亿元，同比增长9.1%。人均生产总值55279元，同比增长9.5%。非公有

---

① 《中国地方志集成·陕西府县志辑》第45册，《洋县志》卷四《食货志》，凤凰出版社，2007，第532页。

② 邹溶：《汉中守滕公劝民冬水灌田种麦碑记》，载嘉庆《汉南续修郡志》卷二七《艺文》。

制经济增加值占生产总值比重达到 53.7%，战略性新兴产业增加值同比增长 9.3%。生产总值中，第一、第二和第三产业增加值占比分别为 15.5%、42.7% 和 41.8%。

在农业方面，汉中生态环境优良，资源优势明显，农业生产基础好，适宜发展绿色有机农业，是水稻、油菜、蔬菜、茶叶和柑橘等亚热带农作物的适生高产区，坚持农牧结合、种养循环，走农业生态化、绿色化、低碳化之路，全国名特优新农产品达到 10 个，国家地理标志登记保护农产品达到 24 个，稳居全省第一。十八大以来，汉中以高质量发展为主题，以农业农村现代化为目标，以实施产业振兴为抓手，做强粮油、蔬菜、茶叶、生猪、水果和中药材等特色主导产业，2021 年，蔬菜、生猪、茶叶、园林水果、中药材产业产值分别为 150.04 亿元、82.94 亿元、38.67 亿元、31.78 亿元和 32.22 亿元，占当年农林牧渔业总产值比重为 69.3%，比 2012 年提高 4.2 个百分点，主导产业优势明显，推动了全市农业经济发展。2021 年，汉中农业经济稳定发展。粮食总产量 106.06 万吨，增长 0.4%；油料产量 18.64 万吨，增长 3.7%；中药材产量 17.66 万吨，增长 10.2%；茶叶产量 4.54 万吨，增长 8.8%；蔬菜产量 263.46 万吨，增长 6.6%；水果产量 60.08 万吨，增长 7.9%。

第三节　区域人文史

一、汉中盆地的战略地位

汉中盆地，北面横亘中国南北地理分界线秦岭，南面是绵长的大巴山和米仓山，西抵陇山，东连熊耳山、伏牛山。整个盆地南北窄、东西长。汉水由此发源，横贯汉中盆地形成冲积平原，流经安康，注入湖北，成为长江最大的支流。从地缘上说，南北向是川陕之间的枢纽门户，东西方向有陆路和水路连通甘肃和湖北。

汉中属于北亚热带气候区，北有秦岭、南有大巴山脉两大屏障，寒流不易侵入，潮湿气流不易北上，气候温和湿润、干湿有度。四季分明，稻麦两熟，汉江、嘉陵江流经，构成丰富的水系，土地肥沃，宜于耕种，有"西北小江南""鱼米之乡"的美誉。

汉中是秦蜀之咽喉，是关中、巴蜀共享的天然门户和缓冲地带，也是南北政权的枢纽和重要衔接地带。因为独特的地理位置，早在战国时期，汉中就成为兵家必争之地，秦国、楚国等国反复争夺汉中之地。秦欲夺取汉中之地，以期往南消灭巴国、蜀国，从而占据巴蜀之地，并以此作为平台来进攻楚国。到了楚汉相争时期，刘邦正是通过汉中来进攻关中，从而得以和项羽争夺天下。两汉时期，汉中又是北接雍凉、南控巴蜀、西抵抗羌胡的战略要地。南北朝时期，宇文泰夺取汉中，使西魏（北周）成为当时最具统一实力的政权。南宋初年，西北关中之地已经大部分沦陷，长江下游也遭到严重破坏，为了挽救东南，介于川陕之间的汉中、安康之地成为南宋的重要战略要地。经过绍兴元年（公元 1131 年）、绍兴二年（公元 1132 年）、绍兴四年（公元 1134 年）三次争夺汉中和安康的大战，陕西都统吴玠奋力抵御，终于打破了金人南下窥蜀的计划，捍卫了南宋的半壁江山，也使得汉中地区成为宋金战场的前线，成为关系南宋国命的重要地区。元至元二十三年（公元 1286 年），设兴元路总管府，汉中隶属陕西等处中书省，为汉中隶属陕西之始，这个行政格局从此定型，沿袭近千年至今。

现在的汉中市，位于陕西省西南部。汉中市北界秦岭主脊，与陕西省宝鸡市、西安市为邻，南界大巴山主脊，与四川省广元市、巴中市毗连，东与陕西省安康市相接，西与甘肃省陇南市接壤。

二、军事屯田背景下的灌溉需求

汉中历来是军事的战略要地，《资治通鉴·汉纪》中这样写道："汉中，益州咽喉，存亡之机会，若无汉中，则无蜀矣"。而屯田是驻扎部队获得稳定军粮供给的直接方式，三国时期，魏、蜀、吴三方为了解决军粮，在对峙的沿边地带进行了大规模的屯田。诸葛亮率军进驻汉中之后，在汉中屯田。《蜀书》载"徙为汉中太守，兼领督农，供继军粮"，《三国职官表》谓"蜀置督农，供继军粮，屯汉中，他郡无考"。这一时期，屯田规模较小，推行较晚，并未成规模，但是也在一定程度上刺激了汉中灌溉水利的发展。

两宋时期，汉中的战略地位依然重要，北宋前期，北宋朝廷定都汴梁，而大宋西北要塞主要集中在太原（抵抗辽国）和延州（抵抗西夏）一线，因此，汉中更多是作为一个二线基地。但到了靖康之变以后，随着南宋疆土的缩减，汉中反而成了宋朝抵抗金国的前线。汉中作为南宋与西夏和金国的三角地带，也成了各方争夺的对象，在北宋和金国的边界线中，最北是到大散关，而大散关位于汉中北面。这样一来，汉中又成为南宋西北边防的军事重镇。

南宋高宗时期，由于两宋交替期间战争的影响，陕南地区人口数量有所减少，土地荒废的情况较多，而部队驻扎，军费又日渐增多。有官员向宋高宗进言："梁、洋沃壤数百里，环以崇山，南控蜀，北拒秦，东阻金，西拒兴、凤，可以战，可以守。今两川之民往往逃趋蜀中，未敢复业。垦辟既少，多屯兵则粮不足以赡众，少屯兵则势不足以抗敌。宜以文臣为统帅，分宣抚司（兵）驻焉，而以良将统之，遇防秋则就食绵、阆。如此则兵可以备援，而民得安业。"① 于是高宗任川陕宣抚副使邵溥、吴玠选择两郡相度措置。吴玠是南宋重要的抗金将领，自绍兴初年吴玠驻扎陕南以来，军费就严重不足。据《赵开传》记载，南宋绍兴四年（公元 1134 年），吴玠军需"绍兴四年总为钱一千九百五十五万七千余缗，五年视四年又增四百二十万五千余缗"。鉴于军费巨大、荒地较多的现实，吴玠先后在"兴元、洋、凤、成、岷五郡治官庄屯田，又调戍兵治褒城废堰，民知灌溉可恃，皆愿归业，诏书嘉奖。别路漕臣郭大中言于玠曰：'汉中岁得营田粟万斛，而民不敢复业。若使民自为耕，则所得数什百于此矣。'玠用其言，岁入果多。"② 第二年，吴玠被任命为宣抚副使兼营田使，得到了朝廷的表彰，军粮问题也得到了解决。《宋史·食货志》记载，绍兴六年（公元 1136 年）九月，"以川陕宣抚吴玠治废堰，营田六十庄，计田八百五十四顷，岁收二十五万石以助军储，赐诏奖谕焉。"再一次因屯田得到奖励。绍兴九年（公元 1139 年），吴玠病逝，之后历任四川宣抚使以及主抓川陕边境战事的将领如胡世将、郑刚中等，都非常重视并继续推行屯田政策。绍兴十二年（公元 1142 年）时，"兴州吴璘所部仅五万人，兴元杨政所部仅二万人，金州郭浩所部仅万人"③。部队人数增多，数万人的军队军粮需求

---

① 李心传：《建炎以来系年要录》卷 95，中华书局，2013，第 1818 页。

② 毕沅：《续资治通鉴·宋纪》卷 116，中华书局，1979。

③ 李心传：《建炎以来系年要录》卷 146，中华书局，2013，第 2764 页。

更为巨大，汉中的荒地也有许多仍然待垦，于是屯田政策的推行极为顺畅。到绍兴十五年（公元 1145 年），关外屯田已经达到了 2611 顷，不仅满足了川陕守军的军粮，还可以用于外援。南宋屯田，范围甚广，沿边东起江淮，中经荆襄，西至川陕边境之汉水上游地区和嘉陵江上游一带，均有屯田分布。而关外屯田，主要是包括剑门关外的兴元府、金、洋、凤、成等州，相当于今天的汉中、安康和周边地区。这些屯田的存在，要求不断对当地的水利工程进行修建、恢复和扩建，不仅刺激了汉中农业经济的发展，也使众多水利工程得以持续发挥作用。因此，汉中水利灌溉事业的发展高峰在两宋时期，尤其是南宋时期，军事屯田起到了相当大的刺激作用。

第二章　汉中三堰历史演变

汉中盆地南北依秦岭，南凭巴山，是关中与巴蜀地区往来必经的战略要地，也是历代兵家必争之地，灌溉农业常常因为军事屯田而有飞跃性的发展。20 世纪 80 年代在西乡县何家湾新石器时代遗址发掘的稻谷痕迹表明，早在 7000 多年前，汉中盆地已有稻作农业，而种植水稻必须发掘水利资源；公元 1 世纪，因为汉家政权的建立，汉中盆地已有相当规模的引水灌溉工程。20 世纪 60 年代，当时的汉中县（今汉中市）出土一具泥陶质长方形汉代陂池稻田模型，中间横隔一坝，一边为稻田，一边为陂池，俨然一副简易版的山河堰雏形。目前能看到最早关于汉中地区的堰渠水利活动有如下两条，一是《水经注》记载："廉水又北注汉水，汉水右合池水，水出旱山……俗谓之獠子水，夹溉诸田，散流左注汉水。"又《元和郡县图志》中记载："湑水又东迳七女冢……水北有七女池，池东有明月池，状如偃月，皆相通注，谓之张良渠，盖良所开也。"此池"方二十里，冬夏不竭，久饮可愈痼疾，故号天池，又曰梅福池，又曰明月池。"[①] 这是唐以前有关汉中灌溉的仅有消息。

唐宋以后，汉中地区水利灌溉的记载日益增多，在众多的水利灌溉设施中以山河堰、五门堰和杨填堰最为著名，共称"汉中三堰"（图 2-1）。

---

① 李吉甫撰《元和郡县图志》卷二十一《山南道二》，贺次君校，中华书局，2007。

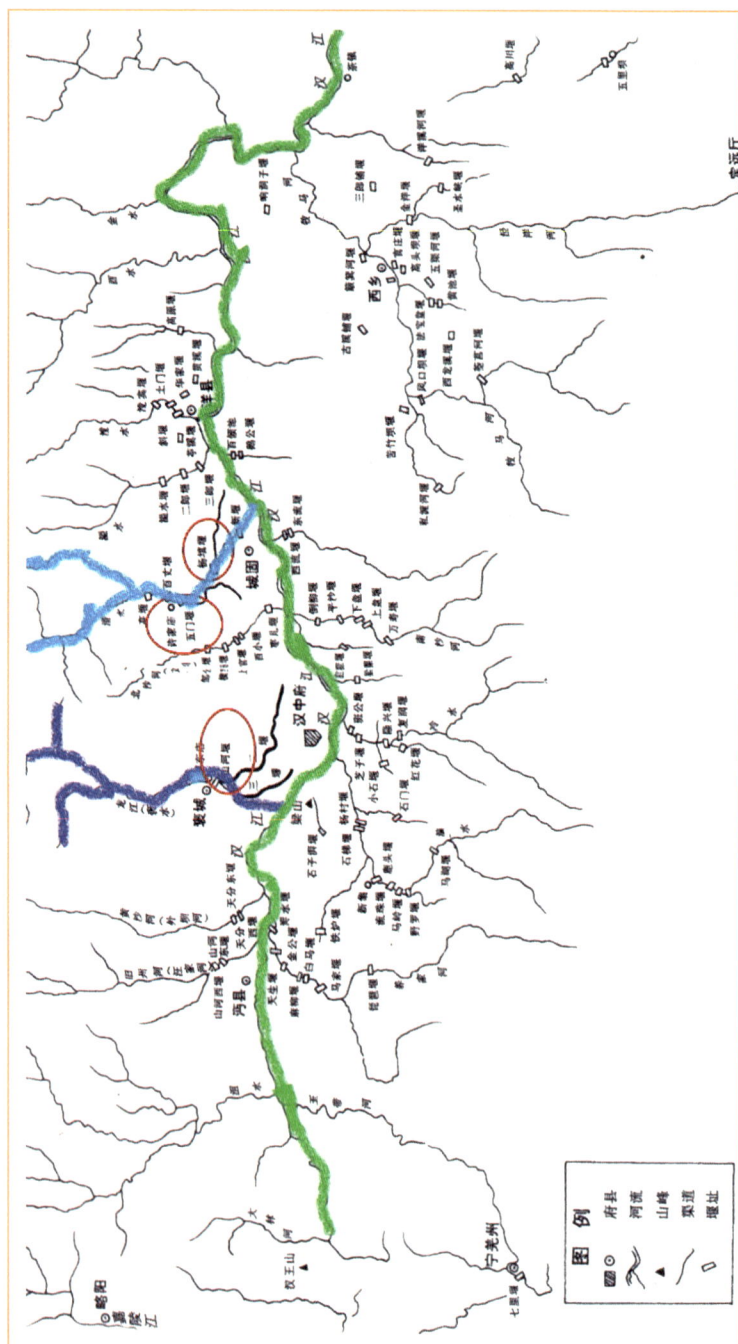

图 2-1 汉中古堰图

第一节　山河堰历史演变

山河堰（图 2-2）相传为汉时创建，但是最早的文献记载始于宋代。两宋时期是山河堰发展的高峰期，明清以来持续运行。1942 年，山河诸堰被纳入褒惠渠灌区。

一、山河堰创建时间考证

山河堰拦截褒水灌溉农田，相传为汉代萧何、曹参所作，这个说法从宋代以来就开始流传。两宋以来，众多文献都记载山河堰创于汉代，传其创建者或为萧何、或为曹参。西汉时期由于刘邦占据汉中，需要为军队保障补给，为发展农业，有建设水利的需求，而当时也有修建山河堰的技术条件。但宋代以前，各种文献都没有关于山河堰的记载。如郦道元的《水经注》详细记载了汉中"褒水"的源流、所经路线，但褒水下有堰，却只字未提。西晋时成书的《华阳国志》是最早的一部西南地区地方志，记载汉中史地相当详细，却也并未提到山河堰的兴修。因此，山河堰建于西汉时期的传说，至今仍难以确定。

山河堰最早的文字记载，出自宋仁宗宝元二年（公元 1039 年）欧阳修《司封员外郎许公行状》一文，文中记载了大中祥符年间（公元 1008—1016 年），许逖任兴元知府，"大修山河堰，堰水旧溉民田四万余顷，世传汉萧何所为。君行坏堰，顾其属曰：'酂侯方佐汉取天下，乃暇为此以溉其农，古之圣贤有以利人，无不为也。今吾岂宜惮一时之劳，而废古人万世之利？'乃率工徒躬治木石，

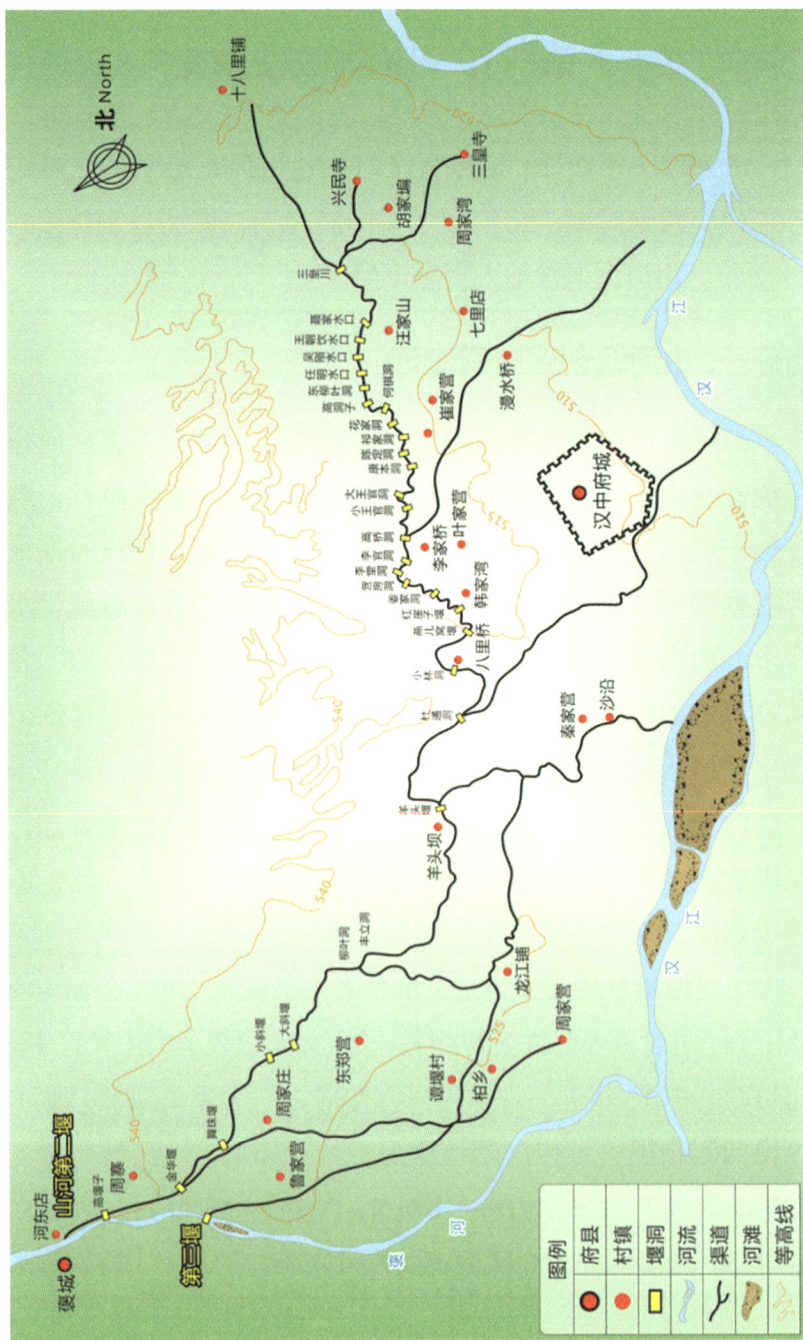

图 2-2 古山河堰图

图例

府县	●
村镇	●
堰洞	▢
河流	〰
渠道	⅄
河滩	▰
等高线	

石坠，伤其左足，君益不懈。堰成，岁谷大丰，得嘉禾十二茎以献。"[1]《宋史·河渠志》亦载："兴元府山河堰灌溉甚广，世传为汉萧何所作。嘉祐中，提举常平史炤奏上堰法，获降敕书，刻石堰上。"[2]北宋庆历三年（公元 1043 年）襄城知县窦充记载了当时山河堰的概况：山河堰共分三座大堰，在褒水出山后依次排列，都是低矮的溢流坝。坝上游各自开渠引水，分流灌溉。灌溉用水实行水量控制，按亩配水。可知此时山河堰创建已久。据此推断，山河堰始建最晚不会迟于唐代。[3]明代《汉中府志·水利志》收录一首佚名唐诗："万古萧何堰，褒斜北面南。石泾盆琢玉，川激水无蓝。星象开天汉，云龙寄斗潭。休登岩穴路，不忍见殽函。"[4]诗中所提萧何堰，应指山河堰，但是又没有具体明确。

二、两宋时期：山河堰发展的鼎盛时期

自北宋初年欧阳修《司封员外郎许公行状》一文后，史料对山河堰修筑的记载更是频繁。《宋史·杨政传》载："政守汉中十八年，六堰久坏，失灌溉之利，政为修复。"《宋史·河渠志》载："兴元府褒斜谷口，古有六堰，浇灌民田，顷亩浩瀚。每春首，随食水户田亩多寡，均出夫力修茸。后经靖康之乱，民力不足，夏月暴水，冲毁堰身。"说明宋代山河堰有六堰。

宋金战争中，南宋以汉中为前方基地，与金人对峙，汉中守

---

[1] 欧阳修撰《欧阳修全集》，《居士集》卷三八《行状·司封员外郎许公行状》，李逸安点校，中华书局，2001，第 558 页。

[2] 脱脱等：《宋史》卷九五《河渠志》，中华书局，1977 年，第 2377 页。

[3] 周魁一：《水利的历史阅读》，中国水利水电出版社，2008，第 304 页。

[4] 《汉中府志》，原国立北平图书馆甲库善本丛书。

将吴玠为保障军饷供给，曾大修山河堰，水利发展后吸引了数万户百姓来此落户。"治废堰，营田六十庄，计田八百五十四顷，岁收二十五万石，以助军储"①。南宋绍兴二十三年（公元 1153 年），利州东路帅臣杨庚修治山河堰。乾道二年（公元 1166 年），兴元知府吴拱又整修山河堰部分支渠，扩灌了部分土地。乾道七年（公元 1171 年），四川宣抚使王炎主持修整山河堰，并制定相应的管理措施。这是一次规模最大的整修，开创了山河堰灌溉历史上的鼎盛时期，当时拦河堰已由 3 座增加至 6 座，疏浚大小渠道 65 条，干渠临江一侧增修两座溢流堰，防止干渠引水过多对下游灌区不利；加设了排泄沥水的渡槽和涵洞；渠底设置石板，作为每年疏浚深度的标志等等。改建以后，灌溉南郑、褒城 23 万余亩土地，成为汉中地区最大的灌区。南宋孝宗淳熙间（公元 1174 年），李繁任兴元知府，曾修治诸堰。光宗绍熙四年（公元 1193 年）夏天，洪水泛滥，六堰被冲坏。翌年二月，由太守章森、常平使者范中艺等主持修复。竣工后，由南郑县令晏袤撰书《山河堰落成记》，摩崖刻于褒斜石门之南数十步西侧的山崖间，称之为"国之瑰宝"石门十三品之一。宁宗庆元三年（公元 1197 年），褒城县令宋积之"修复堰务，使民足食"。后元代至元成宗大德年间（公元 1297—1307 年），赛因普化为兴元路劝农使，曾兴水利，修复山河堰。

三、明清时期：灌区维持基本运行

明清以来，山河堰又多次得到复修加固。明代世宗嘉靖年间（公

---

① 脱脱等：《宋史》卷一七三《食货志》，中华书局点校本，1985。

元1522—1566年），汉中府同知张良知修山河堰。他在《汉中府志·水利志》中首次描述了山河堰灌溉渠系："灌溉所及之地，自高堰至金花，逮母猪、大斜、小斜、柳林、沙堰七堰者，所以足褒城县开山驿之田也。而风流洞者，则褒城、汉中卫所共堰。自羊头历府西，又府北，至吴朋等三十二堰者，所以足汉中卫、南郑县之田也。而漫水桥、七里店亦在乎其中焉。由山河堰至大茅坝、三皇川，自北而西，又折而南，又曲而东，斜蠹缠绕，几乎百里。"明神宗万历年间（公元1573—1620年），汉中知府项思教、崔应科相继对山河堰进行了维修浚渠。以后，堤崩堰淤，灌区不断缩小。明代末年，社会动荡，山河堰灌区一度缩小到四万亩左右。至清，虽经多次修复，但变化不大。清嘉庆十五年（公元1810年）夏秋水涨及堤，将旧堤身冲决成河，两邑士民请于陕安道余正焕、知府严如熤，议就石堤上下加筑土堤七十九丈，买渠东地一十一亩五分九厘，另开新渠一百零三十丈三尺五寸，深三丈，上宽八丈，底宽四丈，委官同两邑绅士开凿[1]。清代严如熤《汉中修渠说》也云："汉中之渠，创之萧、曹两相国。诸葛武侯、宋吴武安王兄弟先后修治，法极精详。汉川周遭三百余里，渠田仅居其半，大渠三道，中渠十数道，小渠百余道。岁收稻常五六百万石，旱潦无所忧。古之有事中原者，常倚此为根本，屯数十万众，不事外求粮。其治渠之善，东南弗过也。"[2]

---

[1] 严如熤：《三省边防备览》卷八《民食》，江苏广陵古籍刻印社，1991，第1-2页。

[2] 贺长龄、魏源编《清经世文编》卷一一四《工政二十》，中华书局，1992，第2770页。

四、20世纪以来：逐步纳入现代灌区

1934年，陕西省水利局局长李仪祉视察陕南水利时，提出改建褒河引水工程计划，建议疏浚褒水山河各堰的渠道，修理疏浚山河堰各堰洞、五门堰进水口及渠岸，修理城固导流堰、拦河堰并开水渠。鉴于汉南水利管理混乱、水利纠纷日益增多的情况，成立了汉南水利局。"近以水政窳败，专管无人，任人民各自为政，平时不知修堰疏渠，旱时用水，则械斗相争，聚讼不决，此风尤以汉南区为最盛。本局有鉴于此，于二十三年夏特设汉南水利管理局，专司其事。"[1] 汉南水利局"专管南、褒、沔、城、洋、西、留七县水利，以一年来之管理经验，深知汉中水利，已腐败不堪，临时治标办法，多失效能，非重新整顿，根本着手，不特水不能尽其利，一切争讼纠纷，将无法解决强者地多易田，弱者田反失水，古规旧例，多不适用，争水纠纷，与时俱深，尤以跨两县之山河等堰为甚"[2]。1937年，南郑、褒城、城固三县人民再三请愿，决定修褒惠渠。1938年陕西水利测量设计队对褒惠渠范围内的地形、地貌进行初步勘察测绘并进行总体规划设计，1939年进行复测，9月组建褒惠渠工程处，刘钟瑞出任总工程师。由于当时处于抗日战争时期，褒惠渠建设面临着资金的短缺。1940年冬全面动工兴建，工程分两期，一期工程主要为渠首枢纽和开通干渠，建浆砌石滚水坝一座，长135.3米，宽8.55米。沉沙漕一段，长443米，渠首砌护三段，总长1212米。干渠自渠首经河东店、宗营、李子沟、付家庙、狮子沟、洪沟河入城固文川河，

---

① 李仪祉：《李仪祉水利论著选集》，水利水电出版社，1988。
② 陈靖：《整理陕西南褒山河堰计划大纲》，《水利月刊》1934年第6期。

全长 32.3 千米，市境内 28.8 千米。干渠下有支渠 3 条，斗、分渠46 条，总长 61.6 千米。1942 年 3 月，渠成试水，6 月通水，当年灌田 8.4 万亩。二期工程为整修加固已成工程，增修部分建筑物。1944 年，原褒惠渠工程处更名为褒惠渠管理局，主要进行堰渠常规管理与灌溉设施日常维护工作，至 1946 年，褒惠渠最终竣工。两期施工共修各种建筑物 80 多座，投工 115 万个，完成土石方126 万立方米，砌石 2 万立方米，总投资 409 万元，新增灌溉面积约 7 万亩，总计约 14 万亩。"沿褒河东岸，穿河东店，与旧日山河堰引水口相交，即利用旧渠之一部分；至周寨之西，设分水闸，以一股入旧渠，以灌旧日水田；一股折向东行，越西汉公路，至南郑之金家塘东北，沿最可能之灌溉高度，跨武家沟、窑厂沟，再东北投于城固文川河上之何家山沟。全长三十二千米。"[①]褒惠渠的修建，提高了水资源利用率和灌溉效益，灌区内农业收成逐步提高。

褒惠渠通水后，经 8 年运用，发现滚水坝偏低，坝身局部脱缝，1949 年大坝西端被洪水冲毁 15 米；干渠断面设计偏小，过水量满足不了需要；干支渠建筑物设计标准不高，部分工程亟待维修；灌区排涝工程不配套，1 万多亩农田排水困难。1950 年 10 月，陕南水利管理局制定了褒惠渠工程整修计划，对褒惠渠全面整修。1951 年 3 月至 1952 年 3 月，国家投资 36.88 万元，投工 27.13 万个，完成土石方 21.59 万立方米，整修改造引水、输水、分水工程68 项。经过逐年维修改善，褒惠渠设施效益不断提高，渠道引水流量从 1949 年的 15 秒立方米提高到 21.5 秒立方米。为调节灌区

---

① 《褒惠渠灌溉工程述要》，《陕西水利季报》1942 年第 1 期。

水量，陆续新修八里桥、狮子沟、黄坝堰等 16 座水库及塬上、武乡四级、东方红等 42 处抽水站，使灌区基本形成了一个"引、蓄、提"相结合、长藤结瓜式的灌溉网，褒惠渠在境内的灌溉面积由 1949 年的 10.75 万亩增加到 1979 年的 16.53 万亩。1971 年后，褒惠渠划归石门水库灌区。因干渠渠首居石门水库枢纽南部，更名为石门水库南干渠，由石门局统一管理。1975 年建成了石门水库，重建褒河引水灌溉渠系，原山河堰所灌溉田亩尽纳入石门南干渠灌区之中，灌溉规模和保证率都有很大提高。

第二节　五门堰历史演变

五门堰位于城固县城北 15 千米处湑水河岸。截湑水灌田，因渠首横列五洞进水故名五门堰。自南宋始建，到元明时期发展进入鼎盛期，清代持续发展。1948 年，湑惠渠建成后，五门堰纳入湑惠渠灌区。

一、南宋：始建

五门堰初称唐公湃，相传为西汉新莽时邑人唐公房创修。"唐公一湃，始于汉朝，疏小流以灌田，流鼻底（即斗山）而归河"[1]。"第询五门之名始于元，而访五门之渠实起自汉矣。相传古渠渠口丈八，上从洞口龙门，下至斗山鼻底，额粮车湃摊赔"[2]。最初只能灌至鼻底以上的竹园、后湾等几百亩田，规模较小，渠首工程也简陋不坚。

---

① 《唐公车湃按亩摊钱批复碑》。
② 《唐公车湃水利碑》。

北宋大中祥符三年（公元 1010 年）至南宋绍兴年间（公元 1131—1162 年），县令鲁宗道、阎苍舒、薛可光等都重视水利，相继扩修，依据斗山地势，搭水槽引水。当时已灌至前湾的三千亩零田。南宋宁宗时（公元 1195—1224 年），该灌区已出现"稻畦千顷，烟火万家"[①]的繁荣景象。南宋嘉定元年（公元 1208 年）宋刻《妙严院碑记》中记载斗山脚下，有"堵谷之水，截水作堰，别为五门，灌溉民田之利，益其溥也"，首次提到五门堰。

二、元明时期：五门堰发展的鼎盛时期

元明时期，由于移民大量流入，人口剧增，对水利灌溉提出了更高要求。元至正七年（公元 1347 年）至至正八年（公元 1348 年），县令蒲庸修五门堰，"以宣化抚民，兴利除害为务"，"兴堰务，开渠道"重修五洞，改创石渠。"以身先之，与民同甘蓼"，"奋袂攘衿，倡锥以击"，"而众心乐为"，"莫敢后先"，"焚之以火，淬之以水"，"经始是岁之秋，功成于戊子（公元 1348 年）之春仲，其广丈一，其深四仞，衺一十八丈"，"卑者崇，狭者广，曲者直，圮者完，其固莫当"。"民图一报，无所措施，乃为立祠，绘其坐容，惟旦夕瞻仰，而伸敬焉"。斗山石渠建成，"民顺利之"，"溉田四万八百四十余亩，动磨七十"。[②]此次维修，在引水口重修 5 洞，修成长 18 丈、宽 1 丈 1 尺、深 4 仞的石渠，此时五门堰已初具规模，灌溉面积已达到 40840 亩。

明代，五门堰曾多次复修加固。明弘治年间，汉中府城固县

---

① 《妙严院碑记》。
② 《五门堰碑记》。

令郝晟主持扩修五门堰的斗山石渠，《开五门石峡记》称于弘治五年（公元 1492 年）兴工开石硖，储薪木以万计，丁夫以千计，匠以百计，事既集，即率众往治之。"积薪石间，炽火烧之，俟石暴烈，乃以水沃之"，"石且鑿，复烧而沃之"，"渠身凡二丈，广倍之，延袤六七里，逾月而功告成"。至此，斗山石渠畅通，时称石峡堰。嘉靖中（公元 1540 年前后），县令范时修加固渠首。万历三年（公元 1575 年），县令乔起凤"亲诣堰渠，相其高低，查田编夫，创修各洞湃水口，计田均水"①，修建水口，加强管理。万历四年（公元 1576）至万历七年（公元 1579 年），"又于堰西创立禹稷庙三间，使人知重本之意，大门三间，二门三间，两旁官房二十余间，以为堰夫栖息之所"②，而且始建了退水闸（活堰，时称下龙门），用以宣泄洪水，使五门堰首设施更加完善。

万历二十三年（公元 1595 年）至万历二十七年（公元 1599 年），县令高登明亲临各堰，发动灌区人民，大事扩建五门堰、石峡堰、高堰、百丈堰等六大水利工程，尤其对五门堰十分重视，当时五门堰有分水洞湃三十六出，浇田五万余亩。并立有《乔令—高令手册》，洞口按地亩多寡、地势高低定有尺寸，且勒碑示禁，不仅反映了灌溉管理已相当严密有序，而且表明了五门堰水利工程进入了鼎盛时期。经过元明两个朝代的发展，五门堰灌田已达四万九百七十余亩。③

① 《五门堰合祀三公立案碑》。
② 黄九成《重修五门碑记》。
③ 《清查五门堰田亩碑记》。

三、清代：持续运行

清朝以来，五门堰工程无大变动，岁修加固，清淤疏渠，灌溉面积有所减少，灌溉管理逐步加强。自康熙至光绪260多年间，有毛际可、胡一俊、黄宾等22名县令，多次对五门堰加以整修加固，制定章程，使得五门堰得以延续。

康熙年间，郡守滕天绶重视水利，亲验渠堰，"相视地形，筑堤建闸……启闭有期，蓄泄有界"[①]。

康熙十一年（公元1672年），县令毛际可见洞堤冲决，疏浚加宽渠道，使水通畅。康熙二十五年（公元1686年）堤防冲塌，县令胡一俊督促修筑，堤防比以前更坚固。康熙五十五年（公元1716年），重修五门堰龙门寺佛殿。

嘉庆十一年（公元1806年）至嘉庆十二年（公元1807年），河水暴涨，冲开东流夹槽，致五门堰堰口脱流。县主亲临勘验，观察水势，重修堰堤。嘉庆十二年（公元1807年）至嘉庆十六年（公元1811年），五门堰买地开挖新的引水道，改修堰堤，扩官渠，易曲为直，并大量蓄荒植树，以固堰堤。嘉庆十五年（公元1810年），清查五门堰田亩，"总共田四万一千零三十亩五分四厘"[②]。嘉庆二十一年（公元1816年）"张东铭、吴登代创修太白楼三间。道光三年夏，不戒于火。后贡生吕维城等，主持堰事，又重建"[③]。

嘉庆二十五年（公元1820年），由于五门堰多年屡修屡冲，民不堪其苦。县令程仁台多次踏勘五门堰，提出"低截深淘"的

① 严如熤主修，郭鹏校勘《嘉庆汉中府志校勘》，三秦出版社，2012。
②《清查五门堰田亩碑记》。
③《重修太白楼碑记》。

治理方案，修建后，"越夏至秋，堰堤稳固"[①]。同年，五门堰成立堰局，设董理首事，有水利行政权力。

道光十七年（公元 1837 年），五门堰渠首被冲，县令富明阿重修五洞，碑记为："五门堰原建五洞，其创修、改修及历次重修，亦非一次，并无定规，自五洞以下，后分九洞八湃，按田均水，酌定洞湃大小水口，各有尺寸，详载《县志》《水册》，一览便悉。惟五洞长、宽、高、厚及洞口高低，宽窄尺寸，均未开载。"富明阿率众赴堰勘工，相河形水势，重新下底，一律重修。"相形而作，加工加料，从实坚修"，"工竣后，量其所修五洞：东西顺长一十四丈；洞梁南北宽二丈一尺；洞底宽二丈九尺，满铺石条六层；两边坡面俱系一页一顺石条修砌，至顶高一丈七尺；五洞引水龙口，各高四尺四寸"[②]。同年，堰首王重魁、吴登魁又于五洞梁夹心台创修观音阁一座。后于道光十九年（1839 年），富明阿又核定五门堰章程二十二条，由汉中府批准执行。提出"欲整堰规，必先端首事"，"不准使水入户，借端拖欠"，"收钱按渠立簿，照簿交钱"，"堰局按月报帐，以便稽查"，"严禁外人借使公帐及堰外开销应酬，以清款项"，"堰规既整，堰蠹不可不除"等，并对堰管人员定编定薪，明文为十五项。[③] 至此，五门堰始有完整的管理章程。

道光二十一年（公元 1841 年），重修小龙门。"旧只一门，今易为三，旧阔丈八，今三门阔二丈四尺，旁施关木，下叠层磴，取其易于启闭，不至多劳人力也，门之高下，旧深六尺，今更深

① 《五门堰创置田地暨合工碑记》。
② 《重修五洞添设庙宇碑记》。
③ 《核定五门堰章程碑》。

二尺五寸，高与岸等，低与渠平。取其流通快利，不至少有停滞也，其上旧架木桥，今改为石，两边藉以木栏……落成后，洞渠无阻，波流迳达"①。

同治九年（公元 1870 年）至同治十一年（公元 1872 年），夏秋之交，斗山附近，堰堤被冲毁，渠道成河。县令周耀东重修堰渠。"于渠，则劈磐石为内坊，编笼实小石为外坊，且设水码，以杀水射坊之势；于堰，则增置椿底以磊石，伐檀为桩，下之泥沙之中，以支椿起。"工成，"虽有水潦不为患也"。周耀东提出了岁修宜在冬春，改圆石为磐石砌堤，增带底之椿盛石，随波撼可下沉入泥沙之中等修治措施。②

光绪元年（公元 1875 年），县令周耀东清查田亩，五门堰"十八湃通共灌田三万四千一百二十八亩七分四厘"③。

光绪二十八年（公元 1902 年），县令张世英通禀上宪，将田赋局所存的堰款即归堰用，以免枉耗，并筹划每亩田派水钱八百文，作本生息，以备每年修堰之用，之后再不派水钱，以减轻农民负担，并订立堰务章程。

四、20 世纪以来的五门堰

民国时期，由于地方民众重视，不断整修加固五门堰水利工程，共有"九洞八湃"，"灌田四万余亩"。④ 五门堰是城固县群堰之首，规模大，效益好，当时全县有 26 堰，共计灌田九万多亩，其

---

① 《重修小龙门碑记》。
② 《重修五门堰并官渠坎记》。
③ 《五门堰复查田亩碑》。
④ 《五门堰合祀三公立案碑》。

中，五门堰灌田四万多亩，占全县总灌溉面积近50%，为"城固县人民养命之源"，故民间有"未坐城固县，先拜五门堰"和"宁管五门堰，不坐城固县"之谚。

1916年，县长吴其昌出示布告，保护城固五门堰河沙地，"蓄荒植树，以固堰堤，不准开垦樵牧及砍伐树木，如有违者，带案罚办"①。

1921年，在五门堰下五洞底于旧龙门右侧增修一道龙门，以堵水势，以免每年春间修筑沙坎截水②。

1932年秋，李仪祉在勘察汉中水利时，提出当时汉中五门堰以及汉中各堰的状况，"惟各堰工程，墨守古法，挥河工事，颇为简陋，均用井字卷木及竹笼各实石为之，乃以竹木孔沿靡定，故年有朽毁，因之工事烦殷，养护费巨，倘洪流过大，堰身冲毁，则修理之费，更形加巨，复以各堰，独自为政，以致上下分水不均，累年争讼……实则多因各堰工程设备不善，堰闸简陋，渠道折曲，以致泥沙淤积，水流不畅，复以上堰引水不加限制，排水多湃汉江，故下堰时感水荒，乃至输灌不足"③，希望将各古堰纳入同一灌溉系统进行整修。

1933年，六月初旬，洪水摧崩五门堰拦河坝数十丈，二洞塌陷，正值用水时期，驻军赵寿山司令〔陕西户县（西安市鄠邑区）人，当时为旅长，驻军城固〕差营长李维民率兵帮助运石，抢修五门堰，复通水，秋谷丰收。④

---

① 《六等嘉禾章调署城固县知事吴为出示布告》。
② 《下五洞底及增修倒龙门碑记》。
③ 耿鸿枢：《湑惠渠工程计划及实施现状》，《陕西水利季报》1942年第1期。
④ 《五门堰重修二洞碑》。

1939 年 3 月，泾洛工程局测量队对湑惠渠测量设计完毕，9 月组成工程处。由于经费紧张，湑惠渠原定于 1939 年下半年动工，延至 1941 年 9 月正式开工。渠首工程位于城固境内的升仙口，拦河筑堰，并于东西岸建设主干渠引水灌溉。

1945 年 4 月滚水坝建成，"坝长一一三点六○公尺，欧基式，堰身宽八点一六公尺，海漫长一○点四三公尺，堰顶高出海漫三点五公尺，海漫尾端设消力栏一道，宽一点○公尺，高○点五公尺，堰踵深入河床二点五公尺，用一三六洋灰混凝土浇筑，海漫外缘深入河床二点○公尺，用洋灰浆砌片石修筑，堰身则用代水泥灰浆砌片石，其配合率为 1 ∶ 2 ∶ 6（白灰∶烧土粉∶砂），堰面用洋灰及代水泥混合砂浆砌料石……东西两渠渠口各筑进水闸及冲刷闸一座，进水闸各三孔，冲刷闸各二孔，孔宽均为二点五公尺"[①]。1948 年，湑惠渠整体水利工程建成完工。除了滚水坝，还包括东西干渠，东干渠起自渠口，止于洋县境石佛堂沟，渠长计 23.9 千米，西干渠起自渠口，止于城固背阴沟，渠长计 18.5 千米，此外还包括退水闸、渡槽、隧洞、斗门等相关建筑。

1948 年秋，湑水山洪暴发，将下游五门堰、百丈堰和杨填堰等工程拦河堰木桊和竹笼摧毁，此时湑惠渠尚未完工，并不能放水灌溉，但是湑水渠工程处"本之体念民艰，在工程完全成前，于西干渠上段先开五斗，与旧高堰田供水，更于五千米下开一便渠，引渠入旧五门堰，东干渠旧百丈灌溉区域内，已由新渠开一二三号各斗灌溉，增加新田，并于十八千米处接闸下亦开一便渠，引水入旧杨填堰，故各渠灌区虽在旧堰摧毁新渠未成时，得免旱荒者，

---

① 陕西省湑惠渠工程处：《陕西湑惠渠施工报告》，1948 年编印，第 2—3 页。

实利赖于湑渠也"①。

1948 年，湑惠渠建成，灌溉面积约 16 万亩（图 2-3）。五门堰也被纳入湑惠渠灌区，后因湑惠渠水量不足，1952 年重修旧堰，灌溉面积由 5300 亩逐渐扩大到 9300 亩。1984 年五门堰列入省重点文物保护单位。目前，五门堰灌溉农田 1.1 万亩，惠泽 3 个镇 3.66 万人。

图 2-3　五门堰灌溉区域图

第三节　杨填堰历史演变

杨填堰，堰头位于湑水河东侧，陕西省城固县原公镇天庄村西，距五门堰 10 千米，浇灌今城固县原公镇及洋县西境的部分土地。南宋时期始建，时至今日，仍对城固和洋县的灌溉事业发挥着重要作用。

① 陕西省湑惠渠工程处：《陕西湑惠渠施工报告》，1948 年编印，第 9 页。

一、南宋：始建

目前留存的所有历史文献都记载杨填堰由南宋杨从仪创建。杨从仪是南宋重要的抗金将领，他于南宁绍兴五年（公元1135年）、乾道元年（公元1165年）两任洋州知州。绍兴五年（公元1135年）任知州期间，主持修复洋州久废不治的八堰，并对八堰中最大的湑水旧堰填石筑坝，开渠引流灌田，又增设营田十四屯，复税五千余石。民众深感其德，称此堰为"杨填堰"，并在堰旁为其建生祠以示永念。《杨从仪墓志铭》首次记载南宋乾道五年（公元1169年），杨从仪"知洋州时，葺筑杨填堰，大兴水利，溉洋州、城固农田五千顷"（图2-4）。

图2-4　杨填堰古灌区示意图

二、明清时期："城七洋三"的管理制度形成

明万历二十七年（公元1599年），李时孳撰写的《新建杨填堰碑记》中记载，杨填堰灌溉田亩已有16500多亩，但因工程简陋，很容易被洪水冲毁，庄稼因此受灾。明万历二十三年（公

元 1595 年），城固知县高登明、洋县知县张以谦共同议决，仿五门堰做法"敞其门为五洞，傍其岸为二堤。水涨则用木闸以阻泛滥，水消则去木闸以通安流"。这是继南宋杨从仪之后的一次大改建。

此后，明代再无大修的记载。清代康熙年间，杨填堰渠系已经相当衰败，一直处于随时修补的状态。到清嘉庆九年（公元 1804 年），城固县丁龙章、洋县张重华重修堰闸，增筑堤坎，并植树以固堤基。嘉庆十五年（公元 1810 年），河水屡涨，堰淤百余丈，渠毁一百一十丈。汉中知府严如煜勘察，于嘉庆十六年（公元 1811 年）动工修建，于西营村沿河买地重开渠道，南岸（临河面）用河光石、桐油、石灰修筑，又用竹笼装石顺砌，并重修堰口进入五洞，长六丈四尺。清嘉庆十七年（公元 1812 年），灌溉面积已达 23000 余亩，其中城固为 6800 余亩，洋县为 17000 余亩，相对明万历年间的灌溉面积增加了 7000 余亩，约定整修费用按"城三洋七"分摊。道光七年（公元 1827 年），重修鹅儿堰。

同治元年（公元 1862 年），四川农民军蓝大顺部进入汉中，与清军展开战事，杨填堰遭到破坏。同治三年（公元 1864 年），洋县知县范荣光奉命修复堰渠，同治四年（公元 1865 年）完成，并于公局旧址重修杨公祠。此次重修后，合计灌区田亩数维持在 23700 亩左右。

据嘉庆《汉南续修郡志》卷二十《水利》第 291 页记载，杨填堰的灌溉渠系，从堰口五洞始，经帮河堰，"堰流东南，为丁家营洞；又东南流，为姚家洞；又东南流，于北流立水车八具；又东南流，为青泥洞；又东南流，至宝山，绕山而东，为鹅儿堰；又东南流，为竹竿洞；又东南流，至双庙子，为孙家洞（以上各洞专灌城固之田）。又北，东南流至留村，为梁家洞（此洞城、洋二县分用）。堰又东南流，入洋县界，首为新开洞，其北岸为倪家渠、魏家渠；又东南经流马畅村，为柳家洞；又东流，为砲眼洞；又东南流，为黄家洞；又东南流，为汉龙洞；又东南流，为水硝堰洞；又东南流，为分水渠，其北岸为北高渠，引水经池南寺，北至白杨湾止；又下为野狐洞，又东南至谢村镇，入汉江。自新开洞至谢村镇，均灌洋县田。"杨填堰在城固县内有丁家营洞等 8 道支渠，在洋县境内有新开洞等 11 道支渠，合计两县共有19 道较大的支渠。

三、20 世纪以来的杨填堰

1948 年，杨填堰灌区全部纳入湑惠渠供水，因灌溉面积连年扩大，水量不足，水稻普遍减产。1950 年灌区选派代表，要求成立杨填堰水利委员会，灌城固田 6282 亩。1952 年，洋县群众要求按古制加入杨填堰，经两县协商并征得湑惠渠管理局同意，将洋县马畅以西 3183 亩水田退回杨填堰灌溉，自古"城三洋七"的灌溉比例变为"城七洋三"。同年整修堰坝，并在鹅儿堰修建跌水工程及排洪道，并将干渠深挖 0.3 ~ 1.0 米，保证 1953 年插秧供水。1955 年，两县摊工将 11 千米干渠裁弯取直为 9.6 千米，在渠尾开退水渠，将尾水退入汉江。城固摊工 3.9 万个，除受益区负担外，并动员两个非受益区支援，从此，灌区面貌改变。1959 年，杨填堰改为管理站，隶属橘园区水利联合委员会。1960 年，固定斗口，建洞设闸，以控制水量，斗渠裁弯取直。1962 年，洪水毁坏堰坝50 米，及时修补。1962—1965 年，灌区改善配套，裁弯取直 4 条斗渠，增修 2 条退水渠；建鹅儿堰节制闸，配修斗渠建筑设施，渠系畅通，3000 亩一熟田变为两熟田。1967 年，将竹笼堰坝改建

成木框架装片石，即"羊圈"结构。1972—1974年，国家投资6万元，建成丁村、苏村、柳夹寨三处抽水站，配310千瓦动力以备抗旱。同时建成大干沟、老虎沟两座蓄水库，储水110万立方米。1975年，灌区实施土地条田化，消灭串灌，并在本县灌区打机井28眼，以备抗旱。1977年，连续三年改建堰坝，建成110米长的浆砌片石堰坝。1980年被洪水冲毁70米。1981年，又遭大洪水袭击，新旧堰坝全毁。当年冬动工重建，改用钢筋笼装石，铅丝网护面，坝长400米，与干渠成75度斜交。堰渠修复工程两年完成。

1987—1990年，堰坝连续四年遭水毁，投资11.5万元，投劳11.3万个工时修复。到1990年，工程稳固，配套完善，干渠过水能力达3.55立方米每秒。全灌区有斗渠16条，本县13条，灌溉6751亩，洋县灌溉2586亩。目前，工程稳固，配套完善，干渠过水能力达3.55立方米每秒，全灌区有斗渠16条。杨填堰灌溉城固、洋县3个镇10个村共计1.21万亩农田。

第三章　工程管理

　　完善的水利管理制度是汉中三堰灌溉农业持续发展运用的保障。汉中盆地的农业收成，曾经是决定战争双方胜败的战略资源。宋金战争中，金人占据关中，宋朝以汉中为前方基地与金人对峙，为保证军饷，就要发展生产，兴修水利。因此汉中盆地的堰渠、农田古代往往有官、军、民共同经营的特点。两宋时期汉中地区灌溉工程建设是历史上的发展高峰期，就与这一管理形式有密切关系。

第一节　官、军、民共同经营的管理特点

　　历史上，汉中是南北势力的攻守枢纽，军队长年驻扎在汉中，影响了汉中水利灌溉的管理方式，水利治理存在着官、军、民共同经营的特点。12世纪以前，山河堰设置山河军，专事屯田水利。南宋初年，汉中是吴玠、吴璘父子抗金报国、建功立业的根据地。为保证军饷供给，就地发展生产，恢复经济，两兄弟在此兴修堰渠。"浇溉民田，顷亩浩瀚。每春首，随食水户田亩多寡，均出夫力修葺"。[1] 这里讲的是山河堰，但杨填等堰情况相类，吴玠"又调

---

[1] 脱脱等：《宋史》卷九五《河渠志》，中华书局点校本，1985，第1377页。

成兵，命梁、洋守将治褒城废堰，民知灌溉可恃，愿归业者数万家"①，但具体负责修复工程的主要是知兴元府王俊和知洋州杨从仪等地方官吏。绍兴五年（公元1135年），知州杨从仪再次修治堰渠。绍兴七年（公元1137年）水利复兴工作已见成效，当地生产得到发展，吸引了数万户外地百姓来此落户，吴玠也因此受到朝廷的奖赏。当时的给事中兼直学士院、随后的四川安抚制置使胡世将上书宋高宗曰："吴玠等能忧国恤民，发戍下之众以兴渠堰，广灌之用，为富国与强兵之资，宽疲瘵远输之急，其体国之忠有足嘉者。……将王俊、杨从义（仪）等特赐旌赏，以为忠劳之劝。"②此后，绍兴九年（公元1139年）吴玠逝世后，吴璘受命节制右护军，同其兄吴玠一样，吴璘认识到水利是汉中地区的生命线，积极行军屯、治堰渠，发展地方经济，他曾以宣抚司的名义调动军队，疏浚淤积，再次修复了山河堰。"复修褒城古堰，溉田数千顷"，使"民甚便之"的吴璘的下属杨绛在其撰书的《褒城山河堰记》中，赞颂吴璘"笃意民事，为朝廷固不拔之基，与黔首垂无穷之福，殆非识虑浅近者所能为也"。③可见吴璘修复山河堰的措施得到了上至朝廷下至百姓的拥护。

南宋时期是汉中水利灌溉事业发展的高峰期，这个时期官、军、民共同经营水利事业的特点，是由汉中特殊的战略位置决定的，是为了服务军队作战的需要，但是却刺激了水利的发展，使汉中地区的堰渠得以延续，并没有因为战争而荒废。在战争期间，单纯依靠民间自行维修往往有许多困难，这种由官、军、共同经营

① 脱脱等：《宋史》，中华书局点校本，1985。

② 徐松辑《宋会要辑稿》，中华书局（四合一本），1957。

③ 脱脱等：《宋史》，中华书局点校本，1985。

的方式，使水利维修更便利。绍兴十六年（公元 1146 年）还有当民力不足时，可以动用屯戍部队与民工共同施工的专门规定。

第二节　山河堰管理制度

北宋时期，山河堰在渠系管理、渠系配水和机构设置方面已经足够完备。

一、渠系管理

在渠系维修方面，山河堰形成了一套行之有效的组织法规，根据灌溉地亩大小分配维修工程量，当地行政长官负责协调有关各方的利益。民间形成的各项乡规民约很快被官方化，刻石立碑，作为法规，得以严格遵循。明代，山河堰灌区有上下坝轮番灌水的协定，清代对灌区内的支渠、斗渠水口尺寸及轮灌时间均有详细规定。

二、用水分配制度

北宋年间，山河堰有较完善的灌溉制度，田间灌溉以面积大小分配水量，用木闸板控制。《汉中府志》记载"两浇四渠平注疏入田畴，制桐板以限其多少，量地给之，俾水均足，而民绝争矣。相引也，以木制通中，铁其卷口。引水渠小大俱存。或样拔以土为口，减节水势也。沟塍绮错，原隰龙鳞，灌溉脉连，畎浍周布"[1]。可见，当时已有很科学的分水和引水规则。明代万历二十三年（公

---

[1] 宋窦充：《汉相曹懿侯庙记》，载嘉靖《汉中府志》。

元 1595 年）汉中府推官（司理）宋一韩为第二堰上下坝定下四六分水制度，即灌水实行上下坝轮灌制度。每十日一轮，以所辖灌溉面积大小分配用水时间，按"四六分水法"，即上坝前四天用水，下坝后六天用水，设专人监督，周而复始。

清代，山河堰干、支渠洞口均设闸板控制，洞口尺寸及轮灌时间有严格规定。据清朝严如熤记叙："（山河堰）灌田由下而上。下坝水远，一日灌至六日；上坝水近，七日灌至十日；下坝用水将上坝各堰口封闭；水涨之时，则由各洴口泄水，蓄泄均有成法。又有纠合以司其总，堰长分管三坝，小甲各管小渠。冬春鸠工、起沙、培堤；上下三坝各分段落。一应堰工事宜，井井有条。数千年来循之则治，失之则乱。"即当年二堰之下 50 多千米长的干渠分上下二坝轮灌。每轮 10 天，上坝 4 天，下坝 6 天，有专人负责启闭闸板；各支流闸门也有固定的宽度和深度，放水时间多用"燃香"衡量；平时，上下坝仍按四六分水，山洪暴发时，各渠闸门全部开启泄洪。民间小型渠堰也实行一日、三日、五日的轮灌制度。放水时间以"燃香"为准，燃香数多少，按灌溉面积而定，香长尺许，燃时放水，香烬停灌，农民习称"放香水"。

民国初期，山河堰仍承四六分水制，规定每年三月二十日开堰，南、褒两县官吏士绅届时参加隆重的开堰典礼，以示对农田水利的重视。自开堰之日先放四十日荒水冲淤，至五月一日晨时起，上坝用水四日夜，五月五日晨时起，下坝用水六日夜。以此上下交接，十日一轮，至七月十七日停止。小型渠堰的用水办法，仍循前例。1942 年褒惠渠建成，根据灌溉面积分布情况，各级渠道设有控制斗门。灌区实行轮灌制度，农民持水权证用水。灌溉季节，由专管机构编制分水表，按干、支、斗、引诸级渠道下分，各斗门的启闭时间由专管机构决定，列表通知水老、斗长、渠保遵循。同时规定，必须在水到渠尾后，才能由下而上依次轮灌。

新中国成立初期，农田灌溉坚持"水权集中，统一调配，分级管理"的原则，规定：小满节前五天，国营灌区和民间渠堰开始用水。灌区塘池尽先蓄满水量，轮歇田、新抬田和早熟田争取早灌或随收随灌。各级灌溉委员会、水管站，在用水前分别召开干部会、群众会，按渠道供水情况合理分配水量，水至渠尾后，自下而上依次轮水。引水斗门在同一引水渠左右并列时，应以先左后右、先高后低的顺序放水。河源供水不足时，坚持集中用水，昼夜轮灌。插秧时期如供水紧张，必须"描秧服从插秧，插秧照顾描秧"。持续干旱，供水奇缺时，对尚未返青的秧苗，坚持"描黄不描青，救死不救活"的原则抗旱保苗。1956年推行计划用水，节约用水，科学用水，用水计划实行三级编制：管理局编拟干渠，管理站编拟支、斗渠，分、引渠计划由斗委会和村组编制。同时，稻田推行"浅—深—浅"灌、计划晒田、薄水插秧、加水保苗、适时退水的科学灌溉方法，提高了灌溉效益，促进了灌区连年稳产高产。

三、管水机构

明清两朝有较详细的规定并流传沿用。为执行所订各项维修和管理制度，山河堰设有一套独立的管水机构，全堰有总理，支渠有首士，各堰有堰长，田间渠道也有小甲，分别监督用水。堰址有固定地点，堰会定时举行，每年维修也有固定分工，各负其责。灌水制度执行十分严格，大多刻有石碑，立于堰首。这种严格的

制度对于维护灌区的正常运行和实行相对的合理用水，无疑发挥着重要的作用。

1950 年至 1975 年，褒惠渠灌区由褒惠局管理，1975 年后，褒惠渠划归石门水库灌区，更名石门水库南干渠，石门局在东干渠设有范寨、武乡、王家岭 3 个水管站，南干渠设有崔家沟、二道关、铺镇等 3 个水管站，分段划片管理，主要负责灌区工程养护、岁修，灌溉用水计划的编制，先进灌溉技术的推广，灌区水费计收，行水人员技术培训和组织整顿等。1975 年成立的石门水库管理局，为正县级事业单位，主要职能是管理石门水库水利枢纽工程、农业灌溉、城市供水、防汛抗旱和发电生产。设立 11 个基层水管站管理干支渠系，选聘经营人、放水员行使末级渠道的配水、计费、管理责任。目前，山河堰由汉中市水利局统一管理，经费来自灌溉水费、财政拨款和受益农户投资投劳三个渠道。

第三节　五门堰管理制度

城固县有句民谚"宁管五门堰，不坐城固县"，反映了在古代，管理五门堰的堰首的重要地位。元明时期，五门堰大型维修主要是采用由官府倡议、堰长具体组织、民间参与的管理体制；清朝前期，乡绅开始直接介入堰渠维修和改筑，发挥了发起、督率的作用，成为水利事务的实际控制者，并逐步形成了堰首、堰长、渠头三个层级的管理体制，负责征收管理堰费、置买堰产、清丈田亩、编制水册、维护用水秩序、组织堰渠岁修等工作。清末，五门堰灌区主要由田赋局和堰局共同管理，田赋局负责经费筹措，堰局负责堰工、堰务。16 世纪五门堰由官方颁布的《乔令—高令手册》，是区域性的灌溉法，在维系灌溉秩序方面发挥了较好的作用。

一、元明时期：官府、民间共同经营

在元后期，五门堰已形成由堰长负责的岁修管理体制。元代《五门堰碑记》记载五门堰每年由堰长集夫675人维修堰坝，"每岁首，凡一举修，竹木四万九百有奇，夫六百七十五人，逾月方毕"，由地方政府主要是知县组织倡议，征发夫匠，堰长具体负责组织施工。至正七年（公元1347年）县令蒲庸修五门堰，《五门堰碑记》里提到知县蒲庸"命堰长董工役"，说明此时已有堰长。此次维修之后，又有两名堰长贾文美、李起宗请碑记作者作文以记这次维修的功绩，说明五门堰堰长不止一位。

明代弘治、万历年间的几次大修，也是由地方官组织倡导，堰长实际负责、具体执行。明《重修五门堰记》中记载：万历三年（公元1575年），城固县令乔起凤重修五门堰，上游以石做基，下游改为活堰，以泄洪水，石峡用石头固堤，以防冲决。又在堰坝与斗山石峡设置专人负责日常看护，守护五门石堰之人，给予水田数亩，让其按时启闭闸门，疏通水利；看护斗山石峡之人，给其一定的山地耕种，令其日常守护，防止奸民破坏。这些都完善了五门堰的管理制度。黄九成所撰《重修六堰记》中记载万历二十七年（公元1599年），城固知县高登明提议在乔令修葺六堰的基础上，再次重葺修整。这次修整的经费来自高登明捐的俸金及赎锾，夫役来自收受益田户。明代大规模的修筑工程，由官府组织、采用按受益田亩负担工料、夫役的办法，由堰长具体负责施工。

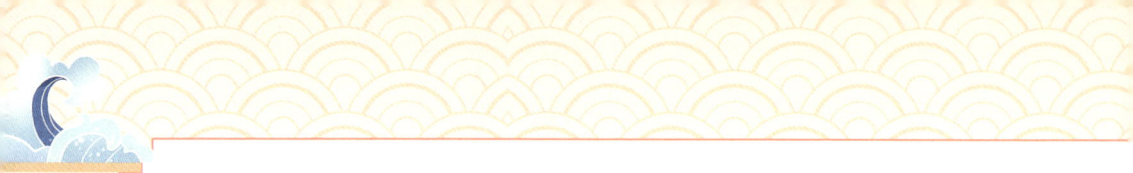

二、清前期："堰首—堰长—渠头"的三级管理

清朝至康熙中期，由地方官主持、组织堰渠的维修情况有所改变，乡绅这一民间力量开始逐渐取代官府在水利工程中发挥发起、组织和监督作用，这一点在当时城固县的三道堰、百丈堰中都有明显的体现，明末和清初的几次大修都是由乡绅组织并捐资修建的。康熙二十八年（公元 1689 年）《新修石堰碑》正文之后，列出了创修贡士刘璜等二人、补修贡士刘廷扬等六十五人。清嘉庆年间五门堰已设有首事。嘉庆十年（公元 1805 年）《唐公湃遵旧规按亩摊钱碑》，碑后署名诸人中见有"首事李廷标"，而立碑者也为李廷标。嘉庆十五年（公元 1810 年）《清查五门堰田亩碑记》中提到首事有胡来宾、龚登云等 8 人。嘉庆二十三年（公元 1818 年）《唐公湃水渠冲淤大河应派工程碑》说到首事制度的积弊，以及更换首事的古例，"周岁"方准更换。此时首事可以分为董理首事和襄办首事，堰长也并不是一堰一长，一堰可同时有许多名堰长。嘉庆二十五年（公元 1820 年），《五门堰创置田地暨合工碑记》中有关于五门堰西高渠首事和堰长、四里的董理首事、襄办首事和堰长的详细记载。首事一般都有生员、廪生的名号，可以看出首事多为乡绅。堰长有十余名，大多没有名号，应当是一般农户。

除了设置首事之外，明代的堰长继续存在，堰长之下还设有渠头。嘉庆十年（公元 1805 年）《唐公湃遵旧规按亩摊钱碑》中有"渠头李修，已具禀"，属于堰长的下属。道光十九年（公元 1839 年）《核定五门堰章程碑》规定收取堰费，"按渠立簿，注明堰长、渠头姓名，用印骑付，各给一本"，可见堰长下有渠头。

由此可见，清代初期五门堰的管理机构可以分为首事（兼理首事）、堰长、渠头三个层级，负责征收管理堰费、置买堰产、清丈田亩、编制水册、维护用水秩序、组织堰渠岁修等。

堰首在道光十九年（公元 1839 年）之前由当地人事呈文提名，然后通过协商通过。道光八年（公元 1828 年），县令俞逢辰还兼任首事，督工修堰。道光十九年（公元 1839 年），《核定五门堰章程》中提到，以前推举首事，弊端百出，各分党羽，推荐过程中彼此攻讦，所推荐的人唯利是图，不以公务为重，甚至还有出钱竞争首事的情况。因此，为了整顿堰规、正本清源，道光十九年（公元 1839 年）以后由地方官"采访"聘请殷实公正之人，为所求之意不在利益，聘之。光绪二十八年（公元 1902 年）《增订善后章程碑》则对堰务的绅粮资格进行了限定，首事需要从至少有四五十亩的绅粮之中遴选。堰长、渠头由各地推举并经首事妥善慎重遴选，并报县署工房注明，"五门堰有均水挑渠之责，堰长、渠头，虽由各地举报，亦须经新首事妥慎遴选，令堰长在县署工房注明封水以前，均过点查，临时督责较易。但以后局不派水钱，自应将伊等口食一概裁免。若开春淘渠等事，照旧规办理。（后经今邑尊徐改订，仍岁酌给堰长口食钱。）"不再计收水费以后，堰长、渠头的地位降低，只负责督修堰渠、管理用水秩序和清理田户底册等，口食钱减少了三分之一，渠头已不再支给口食钱。

首事、堰头、渠长的待遇不同，道光十九年（公元 1839 年）《核定五门堰章程碑》里规定，首事每人每年八十串文，而十八名堰长每年给口食钱只有二百串文，每人只有不到十二串文。

堰首、堰长、渠头的主要职责，是管理堰渠的具体事务，如征收堰费，一般由堰长、渠头负责。《核定五门堰章程碑》规定：

"收钱按渠立簿，照簿交钱，以免缪辖，而杜偷漏。"并称，"查渠头收钱，每有交涉私账会兑作数者，或有已交现钱，而渠头狡赖支推、因而侵蚀者，既为票据为凭。（不）可收多交少，互相影射，朦混不清，今已按渠立簿，注明堰长、渠头姓名，用印骑付，各给一本。凡交钱、收钱，必面写簿内为凭，局内即照簿收账，否则概不作数，严追渠头。"还规定，"向来强梁疲顽之户，及绅监中有曾充首事者，每借端不给堰费，或拖欠不与找清。首事非徇情面，即畏挟制不敢禀，迨堰长、渠头更无如何，以人人观望效尤，公事掣肘。"可见，首事负责督办收费。

堰首、堰长还可以负责置买、管理堰产。五门堰在明代万历十年（公元1582年）拥有田产，但是具体来源没有清晰记载，具体地点是堰首官渠东、龙门上的十亩草场。从清代嘉庆十二年（公元1807年）开始，五门堰为改修堰堤购买了大宗田产作为渠基，嘉庆二十五年（公元1820年）所刻《五门堰创置田地暨合工碑》中记载了这十余年来具体购买田产的情况，"但地处百丈堰下，业各有主，本堰（五门堰）备价承买，先于十二年修堤，买地五十七亩四分外，零（另）一段官渠，改曲为直，又买田地二十四亩一分。历经数年，每亩派钱至一二百文不等。又至十三年，四里强将堰堤裂段分修，彼此争胜加高，激水奋溢，五洞与官渠堤岸，屡修屡冲，工程愈重。十五年间，复买寇家嘴沙洲一段，别开新河。十六年，又添买沙地二十二亩一分八厘，续堤直接老堰坎，自上而下，绵长三里之遥"。至光绪中后期，五门堰已有水田440余亩、山庄9处，这些田产，除了少部分作为渠基之用，其余都是用来收租及生息，原意是免除水户摊派水钱[①]。《五门堰创置田地暨合工碑记》称："（五门堰）先年所置地土，渐有复初之势，第附近豪强，保无侵削垦种情弊。生等虽炳执契据，但首事、堰长，年年更替，久之恐有遗失，致滋争端。"显然，这些地产当由五门堰首事、堰长经手置买并负责管理。

此外，渠首、堰长和渠头还负责清丈灌溉田亩、编制水册、处理灌区的水利纠纷、组织岁修、修理堰庙等事务。光绪元年（公元 1875 年）《五门堰复查田亩碑》中记载"田亩之不实，弊在堰长，渠头培之，必详其法"。

三、清末至民国："田赋局—堰局"的双重管理

同治三年（公元 1864 年），城固县设立田赋局，专门用来管理"各民堰款产"。但是因为田赋局是由城固县设置，与五门堰管理相对脱离，所得的收入并不能真正用于五门堰。同治四年（公元 1865 年），汉中总镇肖翰卿捐还五门堰银两两千两，发商生息，每岁用息存本，"但因管理不善，水钱愈派愈多。"[②] 光绪七至十二年（公元 1881—1886 年），五门堰岁派水钱每亩到六百文。王喆经手田赋局二十余年。"末助堰分文，历年帐目不清"。田户控诉至陕西巡抚，院部批复："历任印官听其侵渔仰食陋规，从中染指。仰布政司查取同治九年以后，城固历任官职，各记大过一次。""光绪十七年（公元 1891 年），县令封祝唐，整顿田赋局，清除前弊，以后款产渐增。"[③] 直到光绪二十八年（公元

---

① 光绪二十九年（公元 1903 年）《禀请各宪损益前章酌宜妥办章程碑》。

②《五门堰置买岁修田亩碑记》。

③《樊山判牍编》，转引自郭鹏主编，童庆主笔的《城固五门堰》第 19—20 页。

1902 年），知县张世英决定将田赋局田产所收租金归五门堰使用，并每亩派钱八百文，存本收息，每年可得万串，以后不再摊收水钱①，这样一来，五门堰灌区主要由田赋局和堰局共同管理，田赋局负责五门堰产相关的房屋、田地和底款，收取息款、田地与房屋租金，并拨转给五门堰局，而五门堰局主要负责堰渠的灌溉相关维修、运行与管理工作等。

　　光绪三十四年（公元 1908 年），汉中府改定章程，堰务责成县官监督，首事改为田户公推，不再由知县"采访聘请"，名为"总理"，管账、督工称为"协理"。实际上，五门堰的田赋局设于县城，其总理与官府关系更为密切，确切来说，是县衙加强了对五门堰经费的控制。②1912 年，田赋局款产被举办团防及巡警提用四千串，城防局、教育局、实业学堂、自治会或借或挪数千串，五门堰维修无款可支。1913 年，县临时会议决定：准五门堰动用本钱，后再按亩摊派。于是田户积蓄全被官府侵吞。③民国初期，县设农田水利局，专管各民堰款产，并监督堰务。之后五门堰局改为五门堰水利局，仍由"总理""协理"人员主持堰务。1936 年，省水利局令各民堰成立水利协会与款产保管委员会，将民堰变成自收自支的群众性组织。同年秋，汉南水利管理局又令："今后堰务统归本水利局管理，无须县政府监督。"1937 年将堰"总理"改为水利协会（分会）；"协理"改为会计员、督工员。1938 年，汉南水利局裁撤，堰务复归县政府监督，继后，小型农田水利归

---

① 《五门堰永免水钱裁减浮费章程碑》。
② 《城固县水利志稿》。
③ 《县水利志稿》，转引自郭鹏主编，童庆主笔的《城固五门堰》第 121 页。

县政府建设科分管。①

四、1949年以来的管理

1949年12月，经县人民政府决定，旧建设科及各民堰款产由民政科接管。1950年县建设科分管小型农田水利。1953年，由县政府批准成立五门堰水利委员会（系民营水利机构），设主任、会计、出纳、保管、斗长等，隶属县建设科管。1957年撤销建设科，设农林水牧局，五门堰又归县农林水牧局管理。1958年成立龙头区水利联合委员会（系集体所有制水利事业单位），属区水利行政机构，管理全区小型水利，又是业务实体，设主任、会计、出纳、保管、技术员等。同年接收五门堰为该会的一个管理站。1960年，成立县水电局，为县水利行政机构。区水联委又隶属县水电局业务领导，区公所为行政领导。

附：《核定五门堰章程碑》② 清·道光十九年（公元1839年）

总理五门堰四里首事，生员吴登魁，奉特授城固县正堂，加五级纪录十次富，奉转汉中府正堂、宁陕抚民分府、加三级随带军功加一级纪录十四次俞，为核定章程饬立遵守事。

照得城固县五门堰，为四里田户资水灌溉之区。每年修堰拦水，按亩派费，举首事经理，前人立法，未尝不善。无如人心不古，渐籍营私，遂致百弊丛生，争端日起。公正者视为畏途，狡猾者趋为利薮。自本署府前任该邑，目击情形，详加体察，扫除众论，

---

① 《县水利志稿》转引自郭鹏主编，童庆主笔的《城固五门堰》第124页。

② 鲁西奇、林昌丈：《汉中水利碑刻辑存》，载《汉中三堰：明清时期汉中地区的堰渠水利与社会变迁》，中华书局，2011，第216页。

毅然独行，幸获人事天时、著有成效。兹十年去此，重来守土，该绅庶等追念前劳。公恳核立章程，俾有遵守。窃念吾民休戚，责有难辞，仅必当自身体立行所及知者，酌时势之可行，去其本根之大病。胪列数条，详明道宪，饬县立案。恐有未尽，是在后人因时酌势，损益变通。总之，此事必得贤有司定识定力，不为众扰。公正人任怨任劳，不予物议，事获功效，而群议可排矣。将此立于该堰，恪守无违，似不无裨益焉。特示。计开：

一、首事应由地方官采访殷实公正之人聘请，不准众人具呈混举，不杜党结，而免攻讦也。查每遇举充首事，各分党羽，纷纷具呈。而此举则彼攻，彼举又此讦。所举者，大抵纠结请托而来，居心先不可问；出举者，但图其权操到手可挟以分肥，并不顾公事之成效。甚有自持强梁，欲人先许出钱而允为力争者，是竟以公市为鬻之具。入门始基已坏，安望其正本而清源？欲整堰规，必先端首事。嗣后干预、举充首事呈词，一概不问。该地方官留心密访，勿受人愚，大约殷实体面之人，身家稍重，其意计必端，公论素孚，自老成可靠。官为备关特请，一切出入，禀而后行。庶党结攻讦之习除，而根本正矣。

一、常年派费，每亩酌之百文以上，总不得过一百五十文。有大工，再议酌加，以防靡费而绝觊觎也。查该堰田共三万二千亩有奇，因派费有余，是以众所必争之地。向修堤务高费，与水争力，随冲随筑，费用不赀。自本署府前任该邑时，见其以有用之钱，拦无益之水，改用□石竹圈一层，水大则听其翻过，而圈在水底，冲缺无虞，节费甚巨。每年核计工用，不过一千数百余串，加以必不可裁之外费一千二百串，所派之费，尽足敷用，并有余存。且近又水向西流，与洞为近；水从深急，沙随水走，自然之理。

每岁但令数人，从洞之上下深槽处，扒沙数次而已。而东畔之功，更易为力。照所派之钱，一年办理而有余存者，即不问而知为可任之士。倘不善办理，用有亏短者，着落该首事自赔，不遵（准）加派。如此，则派既无多，用自不得不节，而中无可饱，贪私者亦不肯趋之若鹜矣。

一、每年既不多派，不准使不水入户，籍端拖欠，以匀苦乐，而免效尤也。查向来强梁疲顽之户，及绅监中有曾充首事者，每籍端不给堰费，或拖欠不与找清。首事非徇情面，即畏挟制不敢禀，迨堰长、渠头更无如何，以人人观望效尤，公事掣肘。今议：凡绅监抗纳者，地方将该渠头枷号该绅监门口，完日开释；强梁之顽户，提比。年终追齐，算账，余存若干，下年即可少派，庶费不偏怙，而帐难影射矣。

一、收钱按渠立簿，照簿交钱，以免缪辗，而杜偷漏。查渠头收钱，每有交涉私帐会兑作数者，或有已交现钱，而渠头狡赖支推、因而侵蚀者，既无票据为凭，可收多交少，互相影射，朦混不清。今已按渠立簿，注明堰长、渠头姓名，用印骑付，各给一本。凡交钱、收钱，必面写簿内为凭，局内即照簿收帐，否则概不作数，严追渠头。庶侵挪少而支饰漏账可诘矣。

一、堰局按月报帐，以便稽查，而免牵混也。查一切工程费用，若至年终总报，则牵前搭后，易于朦混；且事过，日久难查。今议：惟按月一报，则上月工程费用，耳目易周，或有不同，可随时指摘。且年终无难。统算而明，而挪掩无从矣。

一、严禁外人借使公账及堰外开销应酬，以清款项而平物议也。查堰局之钱，皆百姓脂膏，凑集谋生之用，岂容以之市恩见好？惟首事及管账人皆本地，非亲即友，每有不自爱之徒，有挟而求，时向首事等暂借公项钱文，谓为即还，其实皆意存分润。而该首事等，始则迫于情面，继则无可开销，不得不混入公账。再近闻有以衙门巴结，朋党应酬，公然开账，物议纷滋。今议：概不准借使应酬，如有徇情见好者，经手人自赔。庶钱归正用，物议可平矣。

△堰规既整，堰蠹不可不除也。查堰务既有专司，又有官为考核，自无俟外人干预。而每年藉堰生发者，辄窥伺搜隙，或明攻，或暗梗，自张声势，俾凡来管堰者，必先履其门径而后得安。更有久食堰利者，各项熟习，听其把持，隔年即预借来年工料之价，估卖工料，价倍寻常，不遂，则唆众肘掣；即每举首事，亦必向其安顿。如李□等人，盘踞多年，实为堰蠹，若再不驱逐，堰务难清。嗣后访查此辈，该地方官随时分别惩治，庶胃病消，而正人可立矣。

一、首事二人，每人每年修金捌拾串文。

一、四里堰长，不论人之多寡，每年公给口食钱贰百串文。

一、管账二人，每人每年劳金叁拾串文。

一、工局纸笔身俸钱每年肆拾捌串文，府工房拾贰串文。

一、开水、破土、祀神，陆拾串，不必演戏。

一、管堰员役二名，方可更替，每名每年身钱贰拾肆串文。

一、添补家具、杂费等项，壹百贰拾串文。

一、散役四名，每名每月钱壹串文。

一、督工二名，每名每月身俸钱两串文。

一、厨子一名，每月钱壹串贰百文。

一、火食每年叁百串文。

一、火夫二名，每名月工钱壹串文。

一、纸墨簿籍叁拾串文。

一、茶夫一名，每月身工钱捌百文。

一、渠头口食钱照旧，每串扣钱叁拾文。

一、马夫二名，每月身工钱一串文。

一、隆冬看堰人夫身工钱拾贰串文。

一、在堰常夫四名，每名每月身工钱八百文。

以上各费，系照旧章核定，不得再加。右仰通知。

以下文字漫灭，不能辨识。据童庆先生抄录碑文，其下尚有二行：

协同堰长：饶守生，王禄中，李知务，吕务平，李怀璧，王仲有（余名未录）。

敬谨勒。

道光十九年十月二十八日立。

附：《增订善后章程碑》① 清光绪二十八年（公元 1902 年）（图 3-1）

钦加四品衔赏戴花翎署理城固县正堂王（世英），光绪二十八年十月日，禀请增订善后章程：

一、田赋局钱租两项，利息既已合归堰用，然局务甚繁，任堰工者，诚难兼理；且堰局现年所入，系田赋局先一年息款，如并堰、局委之一人，则承交之际，恐头绪太多，兼顾不遑，易滋流弊。田赋局管账一，局拟暂时派公正绅首办理，以专责成。

一、田赋局每年钱息租息，拨归堰用，以后利息，可无庸展转，

---

① 陈显远编著《汉中碑石》，三秦出版社，1996，第 362 页。

图3-1　增订善后章程碑

更权子母，拟将新旧各券，统换期二月初一日截清前息，俟新首事上堰，逐一清交，本息定数，息即亦有常规，取携既便，不至误工，眉目较为清楚。

一、田赋局息钱交堰，既以二月初一为率，而坝谷出枭，利在春杪，其钱至迟以四月开水日交堰，山谷枭入之钱，至迟以端阳节日交堰。纵有拖欠零星，不得过八百串，至六月底，无论如何，必须扫数交清。

一、田赋局交堰之钱，须拨钱行，不得以杂帖或他人欠款搪塞。

一、田赋局向章，两年更易首事之时，方造报销。今既归堰，无论再须禀报与否，宜于腊底，将一年钱息、谷价及本年交堰之帐，录缮清单，仿照五门堰之例，张贴城门，以昭大信。

一、五门堰出项，既获局款万竿之息，如年终存余在叁千串上下，宜请发商生息，次年专用田赋局所交新款。果有险工，不敷所费，亦须禀准勘验之后，方得动用，即此，便谓之亏折积储。倘有赢余，归并前存，仍令生息，以期不竭。且存款当由堰所经理，其帐目另缀清单之后，存案标识，无庸再归田赋局，以免缪辖错误。（后经今邑尊徐复禀：堰所存钱在壹千串以上者，即具禀发商生息，遇有要工，方酌提动用。）

一、五门堰议，趁隆冬水涸，陆续培修，法甚周密。但兴工之初，仍须禀请勘验修理，一如春堰之时，庶工坚料实，任事者不得以少报多。卸堰之日，当即由局传齐四里绅粮，将帐目从实核算，开折呈案，不能迟误，以备稽查。至所请绅粮，须以有田伍拾亩者为率，庶免意见纷歧。

一、五门堰近年以来，每装笼壹丈，定价钱陆百，点工壹个，定价钱壹百肆拾文，米价每斗折钱玖百上下。后或时价腾涨，工价再量为加增。而田赋局粜谷所入，亦照常价有余，无处不能相抵。倘年丰谷贱，工价亦应照米价折减，不得概援往例。

一、五门堰用竹最为大宗，既修冬堰，须随时采买。然尤宜责成任事者，每于冬令，即购定竹数万斤，令其各觅铺保或预支钱数拾串，免至临时购买，受人勒掯。

一、五门堰有均水挑渠之责，堰长、渠头，虽由各地举报，亦须经新首事妥慎遴选，令堰长在县署工房注明，封水以前，均过点查，临时督责较易。但以后局不派水钱，自应将伊等口食一概裁免。若开春淘渠等事，照旧规办理。（后经今邑尊徐改订，仍岁酌给堰长口食钱。）

以上十条，谨就堰局绅首禀请应改各节，大略言之，以后或有增损，应俟临时酌定，合并声明。

附：《禀请各宪损益前章酌宜妥办章程碑》[1]**清光绪二十九年（公元 1903 年）**

钦加三品升衔在任候选知府、调补城固县正堂徐

---

[1] 鲁西奇、林昌丈：《汉中水利碑刻辑存》，载《汉中三堰：明清时期汉中地区的堰渠水利与社会变迁》，中华书局，2011，第 238 页。

光绪二十九年二月□日，覆禀各宪损益前章、酌宜妥办章程，敬录原禀稿。敬禀者：案奉藩宪转奉抚宪批：据卑县前县王令禀准札覆，核减五门堰费用、并拟提款归堰及分年收本各事宜，拟议善后章程请示一案。奉批：禀折均悉。本年五门堰抢险，修筑工费至壹万贰千串之多。因此款无出，拟将张令前禀未列本年出粜二十七年租息钱贰千余串，全数提用，并再派水钱一次，每亩出钱贰百捌拾文，以备急需。所有张令新派未收添本之每亩捌百文，分作四年递收，以二十九年为始。每届年终，每亩还本贰百，出息壹分。该县现时谷贱伤农，又值新加差钱之后，缓期催收，以纾民力，未为非是。惟新派之贰万五千串，分四年收清，计每年收钱陆千贰百五拾串，自二十九年至三十二年，成本虽系逐年递加，要皆不足拾万之数。即每年所获壹分之息，随时作本，而所入息钱，亦不能遽足万串。万一此三年中，再有险工巨费，何以应支？来禀"今年过去，以后即可照张令所定，成本取息动用，不致再累"等语，能否确有把握？折开章程十条，大致妥协，惟第六条，堰款必须至叁千串上下，始请发商生息，恐滋弊窦。事关水利，不厌详审，仰布政司转饬新任徐议禀夺。该令系实缺人员，无所用，其推诿，务期逐一周妥，永久遵行，以清民累，而重水利，是为至要。此缴，禀折存，等因奉此。仰见抚宪循名核实，指示周详，下怀莫名钦佩。伏查五门堰原议：局本积至十万，利钱岁足万竿，每年即存本用息，不派花户水钱。前经卑前县张令世英核算，已积本钱三万柒千柒百捌十串，岁获利钱肆千伍百余串。又有水田肆百肆拾柒亩肆分及山庄九处，岁收租谷壹千伍拾石贰斗贰升之谱，可获变价钱叁千壹百余串。又按每田壹亩派捐钱捌百文，添作成本，共应捐钱贰万伍千余串，岁获利钱三千串。

合诸新旧钱业成本，名虽非拾万之数，而满年所得租息两项，实足壹万有零之款，故拟将水钱禀请裁免，用副昔年创设之意。嗣王令世镇到任，因新派捐钱，势难归齐，且成本过巨，小贸之家，愿领而不敢放；殷实之铺，能放而不愿领。遂将捌百文之数，划为四年递收，以纾民力。并按局章，令完月息壹分。如其届时归本局中，即随时发商生息，是于民间应交之本，固已展缓，而于局中所收之息，仍无少亏。并非将息作本，亦非不足万竿，只亦新派捌百之数，其利即由本年支用，须俟腊底方能收清，与春间存息有别。故与首事议定：堰所年终余款，须在叁千上下，始行发商生息；不及此数，暂存堰所经理。遇有险工，免致出息借贷。此张令、王令所议办理之实在情形也。夫成本既有钱、业两项，自应只问每年息钱能否收足万竿，不必拘定成本是否恰敷拾万。惟五门堰系当堵水之冲，河面过宽，水势甚急，每年有无险工、迭出息钱能否敷用，及新添捐钱，能否于四年中一律收齐，未能确有把握。伏查张前令所定章程，每年约能节省杂费贰千串之谱，并称如连年遇有险工，用款不足，数在贰千串以内者，暂时出息借用；数在贰千串以外者，按亩派钱数拾、百文，及壹百陆拾文为止，等语。有此撙节借派之议，谅不至如前之苦累不堪。卑职谬承各任之后，自当照章妥办，以竟其志，而恤民艰。但前任既虑经费不足之时，再派水钱；又于均水挑渠之际，责成堰长，而向定堰长口食，尽行裁革，未免枵腹从公，不足以资鼓励。且以巨款空存堰所，不特有碍息钱，且恐易滋流弊。卑职现与值年首事、举人王之恺等。再三参酌，水钱既免之后，事务较简，拟将堰长口食，均按旧章发给三成之一，仍由举报给发；倘遇酌派水钱之年，口食再予酌加，然亦不得过旧有三成之二，以示限制。其堰所每

年余存钱文，开单送案备查。定以数在壹千串以上者，即由堰所具禀，发商生息，俟积累加多，遇有要工，酌提此项动用，庶免棘手之虞，且杜侵渔之弊。此又卑职酌量变通之实在情形也。总之，存款数逾巨万，堰务关系民生，卑职忝任斯土，责无旁贷，以后自当督同首事等，悉心筹画，可因者因之，可革者革之。万一时事变迁，窒碍难行，必须更张之处，亦当随时禀请改章，决不敢存胶柱鼓瑟之见，致滋贻误。所有查明五门堰前后办理情形，及酌量增改缘由，是否有当，理合据实禀覆，大人察核示遵，实为公便。

第四节　杨填堰管理制度

杨填堰灌区地跨城固、洋县两县，灌溉用水、工费负担的分配，由两县分立的三分堰公局和七分堰公局来管理，管理机构、经费收支各自独立，堰渠维护人工、费用的征发方式也各不相同。清朝中后期，杨填堰设有负责管理兼跨两县之"公堰"的水利专官，其主要职责在于维护已有之水利秩序。

一、"城七洋三"的分配方式

杨填堰浇灌城固县和洋县两县的土地，但是灌溉用水、工费负担的分配率是不同的，历来遵守"城七洋三"的规则，即城固县占三成比率，洋县占七成比例。这种分配方式最早见于明代万历二十七年（公元 1599 年）《重修六堰记》中记载："杨填堰、城洋二邑，均被其利，城固用水十之三，洋县用水十之七。"可见明代甚至更早，这种约定俗成的分配方式已经形成。康熙《城固县志》卷一《舆地·陂堰》"杨填堰"条下记载："城固田在上水，用水三分；洋县田在中下，用水七分。此旧《志》所载之定例，不可移易者也。其修堰分工、疏挑渠道，亦照用水三七例摊派，各挑各渠，无容争辩。"[1] 文中提到的"旧《志》"，当指嘉靖四十五年（公元 1566 年）成书之《城固县志》，可见"城三洋七"在明嘉靖就已成为"定例"。

由于城固县在上游，如果遇到旱情，三七之分的定例就会受到挑战，康熙《城固县志》卷一《舆地·陂堰》载："康熙二十六年，天旱，不循三七之例，水无下流，洋田之在下名为尽水者，如白洋湾、如智果寺、如谢村桥等处，尽失栽插，颗粒无收，控诉不已。""郡侯滕公天绥、郡司马梁公文煊单骑亲踏，随檄洋令谢景安、城固令胡一俊会勘至三，覆讯定案。申详兴道金公立碑，照旧例用水，分工修堰浚渠。至栽插用水，饬行上流不得邀截，永为定例。"并以滕天绥名义颁行了《分水约》[2] 规定：

凡沿河地界，在城田用水地方者，城民照例拨夫浚筑；在洋田用水地方者，洋民照旧例鸠工挑修。至于截河大堰，系二县用水之源头，帮河堰、鹅儿堰乃二县泄水之要口，须照田地用水之多寡，分工计程，合力修筑。查城田十之三，用水亦十之三，工宜三分；洋田十之七，用水亦十之七，工宜七分。是用水既均，而力役尤平。……城田洞口俱要另修，合照闸式，高不过四尺，宽不过三尺，余其所费无几，便于封锁。至临期用水之时，城田洞口俱开放水三昼夜；三日已满，许洋县管水利官率同堰长逐一

---

① 康熙《城固县志》卷一《舆地·陂堰》，第 57 页。
② 《滕太守分水约》，载嘉庆《汉南续修郡志》卷二十《水利》，第 291–292 页。

封锁。洋田洞口以七日七夜为期。自此周而复始，水无不给，无不均矣……

二、堰公局

根据同治四年《洋县知县颁布杨填堰编夫格式告示碑》，此时已成立杨填堰堰公局，又据同治五年《重修杨公庙暨堰堤公局诸务碑记》，其中的总领、首事等人都来自洋县。据此可知，杨填堰堰公局实为洋县灌区的管理机构，又称为七分堰公局。七分堰公局设总领二人，首事十六人，会计二人，公直八人。公直主要负责"编夫"。

汉中三堰是官民共同治理的典范。汉中盆地堰渠结构较为简单，每遇洪水，极易被冲毁，之所以能够传承千年而灌溉效益不减，官方的组织作用具有重要意义。大部分规模较大的堰渠水利主要采取"官督民修"的方式，一般性维修由受益农户出工承担，如大修或改建则由地方官府给予资助。发生纠纷时，往往需要较高级别的官府（汉中府、陕安道）出面协调、处理，而官府赖以平息纠纷、调解矛盾的根据则是民间传承已久的"旧例"，可见乡规民约在地方水利管理中的重要性。而乡规民约一旦得到民众认可后，很快由官方颁布，刻碑立石，形成法规和制度，这一方面尊重了劳动人民的智慧，也有助于灌溉工程规范管理和长期运行。

第四章　汉中三堰遗产体系及价值构成

　　从遗产体系来说，汉中三堰可以分为工程遗产和非工程遗产两部分，工程遗产主要包括渠首工程、控制工程、灌溉渠系，非工程遗产包括祭祀建筑、文物、文献资料、碑刻等。如表4-1所示。

表4-1　　　　　　　　　　汉中三堰灌溉工程遗产清单

类别	类型	描述
工程遗产	渠首工程	山河堰二堰渠首遗址、五门堰五洞梁、杨填堰堰坝遗址
	控制工程	羊头堰分水闸、柳叶洞分水口、鹅儿堰、古浒水龙门、五门堰进、退水龙门
	灌溉渠系	山河堰灌溉渠道：引水渠自褒河谷口东至汉中市十八里铺，全长35千米，支渠60多条。其中二堰青石砌筑之堰堤遗址358米为重要保护遗产 杨填堰灌溉渠道：引水干渠长11千米，支、斗渠共12条，其中遗迹长度约900米，高3.2米，渠顶宽约2.5米 五门堰灌溉渠道：引水灌溉干渠长22.8千米，其中灌渠遗迹分东西两条，总长550米，渠宽12米，深约4米
非工程遗产	祭祀建筑	杨从仪墓、观音阁、龙门寺
	文物	汉墓中出土陂池及陂池稻田、山河堰二堰红旗小学西侧堰头遗址（石砌堰头及出土木桩） 摩崖石刻《山河堰落成记》
	文献资料	《汉中府志》《汉南郡志》等
	碑刻	水利碑刻59方

第一节　遗产构成：山河堰、五门堰、杨填堰工程体系

　　汉中三堰分三个灌域，相互衔接补充，共同灌溉汉中盆地核心地区，主要由渠首枢纽、灌排渠系和控制工程组成。

一、山河堰

　　山河堰截引汉江支流褒河之水灌溉农田。渠首（图4-1）位于陕西省汉中市河东店褒河谷口。南宋以前，山河堰共有六堰。南宋以后，山河堰分东西两干渠（都在褒河之东），西渠南流经打钟坝、龙江铺、柏乡街、梧凤等处而入汉江；东渠东南流经张寨、宗营镇，直至汉中城北，折东经七里店、汪家山、三皇川、新民寺、张家巷等处，而入汉江。原灌区内多有祭祀萧何、曹参的庙宇。在筑堰的同时，还兴修了王道池、草池、月池、顺池四大名塘，用以蓄水灌溉。

　　南宋末年，山河堰重建后，至元明清时期沿河自北而南共有四堰。根据《汉中府志》等史志资料及民国以来的实地考察，第一堰（图4-2，图4-3）在褒城北1千

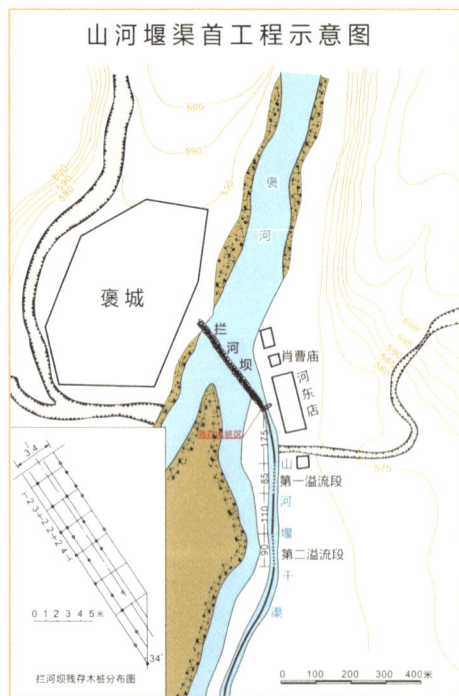

图4-1　山河堰渠首工程示意图

米处，又名铁桩堰，于鸡头关下筑堰截水，东西分流，堰废已久，地面遗址无存。清嘉庆《汉中府志》记载："在褒城北三里，一名铁椿堰，相传以柏木为椿，在鸡头关下，筑堰截水，东西分渠，溉褒城田。今堰久废，其故址亦无可考。"1939年修建褒惠渠大坝时，在坝基地带挖出木桩千余根，高丈余，围砌巨石，与《陕西通志》中"巨石为主，锁石为辅，横以大木，植以长桩"的记载相似，考古证明此处为第一堰旧址。

第二堰（图4-4，图4-5，图4-6）名柳边堰，亦称官堰。清嘉庆《汉中府志》记载："山河第二堰，乃山河堰之正身也，旧堤长三百六十步，其下植柳筑坎，名柳边堰。山水冲激，旋筑旋隳。"据1939年《陕西水利》载：该堰位于褒城县东门外，堰长320米，高3米，顶宽3.6米，底宽4.5米，以乱石堆砌，间夹草、沙。断面略呈滚水坝型，渠口开于褒河东岸，宽20.6米，高1.5米，旧有进水口及启闭闸。引水口在褒河左岸河东店街后，输水干渠曲折东行，至汉中十八里铺南入汉江，全长35千米，支渠60余条，灌田5.4万亩。

第三堰在第二堰下游约1千米处，拦引褒河东岸河汊，堰长

图4-2 山河堰一堰渠首（褒惠渠渠首）

图4-3 山河堰一堰堰头

图 4-4　山河堰二堰堰堤遗迹

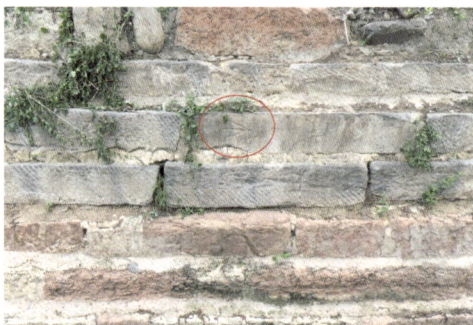

图 4-5　山河堰二堰堤堰遗址遗留符号

图 4-6　山河堰二堰堰堤遗址

50 米，筑堰方法与第二堰同。进水渠口设于堰头东侧，宽 8 米，无进水闸门和排沙设施，渠长近 10 千米，1941 年灌田 1.5 万亩。第四堰在第三堰下游 1.5 千米处，1932 年修建，聚石作堰，筑法与二、三堰同，堰长 65 米，截引褒河东岸岔流，进水渠口宽 3.6 米，渠长 15 千米，灌田 3150 亩。1975 年建成了石门水库建成后，重建褒河引水灌溉渠系，原山河堰所灌溉田亩基本上纳入石门南干渠灌区之中。

1942 年，褒惠渠建成后，山河诸堰尽纳入褒惠渠灌区，在使用近代技术修建褒惠渠时，在第一堰址上修建了一座长达 135.3 米、高 4.3 米的浆砌石堰，引水渠口设闸五孔，冲沙闸两孔。随着工程的完善，1949 年，灌溉面积扩大到 12.74 万亩，1958 年灌溉面积达到 20.4 万亩，1973 年灌溉面积发展到 21.7 万亩。1971 年后，石门水库建成后，褒惠渠划归石门水库灌区。因干渠渠首居石门水库枢纽南部，又称石门水库南干渠。

山河堰（图4-7，图4-8，图4-9）至今仍基本保持着历史时期的灌溉渠道和灌溉范围，灌溉面积19.5亩。

附：嘉庆《汉中府志·水利》节选

按：《旧志》未专载水利，查汉中各渠，始于萧、曹，历代疏导，实为汉南大正，故特分一门。

查山河第二堰、第三堰，暨马湖、野罗等八堰，均兼溉南、褒田，杨填则城三、洋七。各县分载，反致脉络不清，故于数堰两县共利者，特为提出其某县灌至某处止，仍为分清。

山河堰，汉相国萧何所筑，曹参落成之。引黑龙江水为三堰，古刻曰："巨石为主，琐石为辅，横以大木，植以长桩。"宋绍兴间，宣抚使吴璘驻节汉中，访山河堰灌溉之

图4-7 山河堰主干渠

图4-8 山河堰柳叶洞分水口

图4-9 山河堰羊头堰分水闸

原，导褒水，限以石，顺流而下，自北而西者，导于褒城之野；行于东南者，悉归南郑之区。乾道二年，宣抚王炎、都统制吴琪增修二限，皆精坚可永。二渠新港一万一千九百四步，其渠港流

为笕跋者九十有九，规制称大备焉。历元、明至国初，官兹土者，筑堤浚渠，因时修葺，汉南水利，兹堰为钜焉。

山河第一堰，在褒城北三里，一名铁桩堰。相传以柏木为桩，在鸡头关下桩，筑堰截水，东西分渠，溉褒城田。今堰久废，其故址亦无可考，疑即自北而西导于褒城之野者。

山河第二堰，乃山河堰之正身也。旧堤长三百六十步，其下植柳筑坎，名柳边堰。山水冲激，旋筑旋隳。嘉庆七年，布政使朱勋任陕安道，捐廉一千五百余两，修筑石堤五十五丈，工称巩固。至十五年夏秋，水涨于石堤下，将旧堤身冲决成河。两邑士民，请于陕安道余正焕、知府严如熤，议就石堤上下加筑土堤七十九丈，买渠东地一十一亩五分九厘，另开新渠一百零三丈三尺五寸，深三丈，上宽八丈，底宽四丈，委官同两邑绅士开凿。经始于十五年十二月，至十六年四月工竣，经流之地：

首为高堰子，经流鲁家营，灌田五十亩。又东流三里，为金华堰，经流新营村，支分小堰七。首鸡翁堰，灌马家营田三百亩；次沙堰，灌张家营田九百亩；次周家堰，灌上清观田三百亩；次崔家堰，灌张家营田二百亩；次何家堰，灌何家庄田二百亩；次刘家堰，灌谭家营田一百亩；次橙槽堰，灌柏乡田五十亩。

第二堰水又东流三里，为舞珠堰，经流周家营，支分小堰五。首鲁家堰，灌殷家营田二十亩；次邓家堰，灌周家庄田八十亩；次朱家堰，灌王家营田一百二十亩；次瞿家堰、灌许家庄田二百亩；次白火石堰，灌周家营、哈儿沟田二百八十亩。

第二堰水又东流五里，为小斜堰，经流草寺村，灌田二百余亩。以上专溉褒田。

第二堰水又东流一里，为大斜堰，经流南郑龙江铺，分水灌褒城郑家营田三百亩、南郑龙江铺田二千二百十亩。

第二堰水又东流五里，为柳叶洞堰，经流南郑草坝村，分水灌褒城韩家坟田七十九亩、南郑草坝村田二百余亩。

第二堰水又东流，为丰立洞，经流草坝村，灌田一千二百九十亩。以下专灌南郑田，丰立、柳叶二洞相连，故未著里数。

第二堰水又东流八里，为羊头堰，在府西北十五里，经流秦家湾，灌田一千九百五十亩。

第二堰水又东流五里，为杜通堰，经流秦家湾，灌田一千九百三十七亩。又东流三里，为小林洞，经流八里桥铺，灌田二百七十四亩。又东流二里，为燕儿窝堰，经流大佛寺，灌田一千四百九十亩。又东流一里，为红崖子堰，经流韩家湾，灌田五百二十五亩，又东流二里，为姜家洞，经流叶家营，灌田一百七十五亩。又东流二里，为菅房洞，经流菅房坝，灌田一千三百三十亩。又东流半里许，为李堂洞，经流李家湾，灌田六十七亩。又东流半里，为李官洞，经流李家湾，灌田一千三百八十三亩。

自褒城县金华堰起，至此为上坝，均为第二堰水。又东流一里，至二道官渠，分高低两渠：高渠下达三皇川，低渠为高桥洞，引水东南流、分为三沟：中沟灌漫水桥、梳洗堰地；东沟灌周家湾、魏家坝、文家河坎地；南沟灌大茅坝、皂角湾，总灌田五千九百六十八亩。漫水桥下梳洗堰及东南二沟田亩，均高桥洞水灌溉。康熙年间，知府滕天绶量地形之高下，度田亩之多寡，约定梳洗堰水口二尺八寸，东沟水口一尺一寸，南沟水口五尺六寸。

第二堰高渠水又东流一里，为小王官洞，经流酆都庙地，灌田九十亩。又东流半里，为大王官洞，经流王家营，灌田三百七十八亩。又东流一里，为康本洞，经流舒家湾，灌田三十七亩。

又东流半里，为陈定洞，经流朱家湾，灌田四十亩。又东流半里，为祁家洞，经流崔家营，灌田三十亩。又东流半里，为花家洞，经流金家庄，灌田一千八百九十九亩。又东流半里许，为何棋洞，经流李家湾，灌田四百四十亩。又东流半里，为高洞子，经流汪家山，灌田一千二百四十亩。又东流半里许，为东柳叶洞，经流汪家山，灌田七十五亩。又东流半里，为任明水口，经流汪家山，灌田一百一十三亩。又东流半里许，为吴刚水口，经流汪家山，灌田三百亩。又东流半里，为王朝钦水口，经流汪家山，灌田一百四十九亩。又东流未半里，为聂家水口，经流汪家山，东北灌田八十五亩。又东流至三皇川，设木闸以节水，分渠为七：

首为北高渠，经流叶家庙，灌田一千一十七亩。按《通志》载：九千一十七亩，系误。

次为麻子沟渠，经流田家庙，灌田六百四十五亩。

次为上中沟渠，经流三清店，灌田四百五十亩。

次为北高拔洞渠，经流十八里铺，灌田一千五百二十九亩。

次为南低中沟渠，经流兴明寺，灌田一千八百三亩。

次为柏杨坪渠，经流三皇寺，灌田二千四百四十二亩。

次为南低徐家渠，经流胡家湾，灌田一千一十六亩。

均系第二堰水，自高桥洞至此为下坝。高桥洞口宽三尺六寸，嘉庆二十二年（公元1817年）修建渠头，石门上下左右均砌以巨石，洞口尺寸仍旧例。

以上浇灌水田坝分亩数，悉遵《陕西通志》叙入，盖往时旧额也。近日《行水册》分襄城三处之外，南郑使水人户，又分上、下汉卫自大斜堰至李宫洞、高桥洞自高桥洞至聂家水口、三皇川为三坝。数十年来，高桥以上，得水稍易，多将近堰旱地改为水田，而下坝渠高水远，亦有水田废为旱地，又有将水田改作庐舍、园、墓者。

现在各坝，使《水田册》核与原额，多寡不符，但地方情形虽变，更无常久之必，仍复其旧，当天不爱道，地不爱宝之。

盛时货恶，其弃于地，总期利在民生耳。田额即有今昔之殊，而资灌溉以为利，则有赢无绌也。

二、五门堰

五门堰水利灌溉工程由堰头、堰坝、灌溉渠道、退水龙门和进水龙门等组成。

堰坝（图4-10）位于距湑水河入汉江口约15千米处，坝以东南方向横跨于湑水河上，坝呈直线型，长374米，宽17.5米，高1.2米，先由木楗填石筑成，因常遭水毁，后改为钢筋水泥与片石砌护而成。

堰头（图4-11）整体呈"一"字形，通长42米，顶宽5.8米，高4.3米，堰头下开五个进水洞，东二西三，每洞长7米，宽1.4米，高1.5米，全用石条垒砌，铁水浇灌而成。

古堰坝与河道斜交成55°夹角，不与主流顶冲，巧妙地减小了洪水的冲刷侵害，在堰坝上游自然形成的夹心滩，缓解了洪水对引水五洞的冲击力。引水五洞正

图4-10 五门堰堰坝

图4-11 五门堰堰头

对主流，取水十分便利。五洞后的引渠宽阔平缓，末端设有冲沙闸，科学地解决了干渠的淤积问题。引水堰坝初创简陋，到宋代"围之以木，聚之以石"，下用木梽上用竹笼，装石堆砌，笼上打桩，用稻草弥缝，因常遭水毁，1994年改建为钢筋混凝土与片石砌护结构。

堰头下的五个进水洞，在历史上被称为五洞梁，为五门堰水利工程的灌溉引水控水设施，位于堰坝的东南。"山之根，有嵛谷之水，截水作堰，别为五门，灌溉民田之利，盖甚溥也。岸之北，稻畦千顷，烟火万家"，自元至正七年（公元1347年）重修五洞，改用石条垒砌。五门堰因此五洞引水而得名。五洞梁有五个引水洞门，每个洞门宽1.4米，高1.7米，引水高程设计科学合理，采用"低截深淘"引水原理，巧妙地起到了减沙排淤作用。五洞梁在明万历三年（公元1575年）整修，道光三年（公元1823年）修缮至今，系用石条加铁水浇灌而成，坚固耐用，保存完好。

灌溉渠系：引水渠从堰头到进水龙门和退水龙门，有一条长500米、宽12米、深6米的引水渠（图4-12，图4-13）。引渠后的引水灌溉干渠（图4-14）长22.8千米。

进水龙门和退水龙门为控水设施，设计科学合理。历史上称为小龙门，位于五洞梁下游300米处，创建于汉代，在宋代重修，明代加固。主要起排洪冲沙、控制引水流量、减少渠道淤积等作用。进水龙门（图4-15）位于渠的东南，主要用于灌溉之用。

图4-12 五门堰引水渠（一）

"旧只一门，洞丈八"。道光三年（公元1823年），易水三，阔二丈四尺。1974年改为两门两闸，每个闸门宽1.4米，高1.7米，旁设水尺，系用石条加铁水浇灌而成。退水龙门（图4-16），又称外湃（即溢洪道），位于渠尾的西面，原为四门，高各2.3米。上架龙门桥一座，便于启闭。闸门先用木制作，后改建为石洞4孔，每孔宽2米，高2.5米，安装3吨启闭机4台，初为木闸门，现改为钢闸门。

图4-13 五门堰引水渠（二）

图4-14 五门堰灌溉渠遗迹

图4-15 五门堰进水龙门

图4-16 五门堰退水龙门

现存古灌溉渠遗迹是引水五洞后的引渠，分为东西两条，总长550米，渠宽12米，深约4米，主要发挥引清淤沙、减速防冲等作用。

三、杨填堰

杨填堰（图4-17，图4-18，图4-19）也是截引湑水灌田，位置在陕西省城固县北约10千米处的湑水河中游，由引水堰坝、控制堰头、灌溉渠道和退水堰洞等组成。

图4-17　杨填堰渠首

图4-18　杨填堰干渠

图4-19　杨填堰支渠

渠首枢纽主要包括堰坝、控制堰头，位于城固县原公镇西营村西，自湑水河左岸引水。堰坝系南宋所筑，原系土石修筑，后经历代维修全部改为石头垒成。1994年，汉中盆地丘陵开发建设工程中，将引水枢纽改建为固定堰坝，引水坝为浆砌石重力坝，堰坝通长120米，通宽5米，通高2米。堰头位于湑水河东侧，通长25米，通宽6米，高5米。

引水干渠堰渠自留村（今马畅镇辖地）进洋县境，至谢村镇汇入汉江。长11千米，支、斗渠共12条，全长48千米。引水坝500米处有古渠遗迹。灌区内控制工程共 15 座。

退水堰洞位于引水渠首下游 950 米处，建于明万历年间。目前，灌区灌溉面积 1.21 万亩。

杨填堰现存三处遗址，仍在使用。一为杨填堰古渠堤遗迹（图4-20，图4-21）、古湃水龙门遗址（图4-22）和鹅儿堰遗址（图4-23）。

杨填堰古渠堤遗迹位于引水堰坝 500 米处，为砂石、黄泥、石灰混合夯填而成，临河面设置竹笼装石顺河砌护加固，是古渠道的外渠坎。该段渠道于嘉庆十五年（公元 1810 年）水毁，次年由汉中知府严如熤整修，"五洞至帮河堰一里余，南岸向无渠堤，地势卑下，苦无土石，亦用竹笼装石砌堤，宽丈许。自杨侯庙至丁村渡二里许，河之傍渠堤行者，俱用竹笼砌护。堤基中筑三矶，以杀水势。其截河大堰，往岁用木圈装石，横绝中流，密加以桩，遇大水尽冲去，水落又无用，屡年苦之。今岁俱用竹笼装石页顺砌，仍用竹笼外铺宽丈许，以

图 4-20 杨填堰古渠堤遗迹（一）

图 4-21 杨填堰古渠堤遗迹（二）

图 4-22 古湃水龙门遗址

图 4-23 鹅儿堰遗址

防水翻冲坑，较洞口低二尺许"[1]。现留古渠堤遗迹长度约 900 米，高 3.2 米，渠顶宽约 2.5 米。

杨填堰古湃水龙门位于引水渠首下游 950 米处，在明万历二十三年（公元 1595 年），由城固知县高登明仿五门堰作法修建，清嘉庆十六年（公元 1811 年）由汉中知府严如熤加固改建，原建筑于 1983 年大部分水毁，1994 年在原址原建筑物基础上进行加固改建，修建排洪闸和节制闸各一处，继续发挥控制灌溉干渠流量、排泄洪水、保证下游渠道安全的重要作用。

现存鹅儿堰遗址，位于城固县原公镇宝山村杨填堰的灌溉渠上，杨从仪修建杨填堰时，为了确保堰渠行水的安全和灌溉宝山坡南面的 300 亩土地而修建。在清汉中知府严如熤任上，于嘉庆十六年（公元 1811 年）加固修建，因堰整体建筑平面略呈鹅状而得名。整个堰的占地面积约 300 平方米。在堰的东面是一个节制

---

[1] 陈鸿训：《杨填堰重修五洞渠堤工程记略》，载嘉庆《汉南续修郡志》卷二十《水利》。

闸门，南面是三个排水闸门和一个灌溉用的闸门，全部工程原来都是用石条、桐油加白灰做成，1969 年，局部用现代材料进行了改建加固，并在湃水闸上修建了房子。2011 年鹅儿堰被城固县人民政府列为县级文物保护单位。

第二节　汉中三堰价值阐释

汉中三堰灌溉工程延续千余年，至今发挥灌溉效益，具有突出的历史、科技、文化和景观价值，是可持续灌溉的典范。

一、历史价值：反映了军事战略背景下灌溉水利工程的发展

汉中盆地南北依秦岭，南凭巴山，是关中与巴蜀地区往来必经的战略要地，也是历代兵家必争之地，灌溉农业常常因为军事屯田而有飞跃性的发展。公元 1 世纪，因为汉家政权重视农业生产，汉中盆地已有相当规模的引水灌溉工程。

11 世纪以来，汉水流域灌溉工程又迎来了第二次的发展高潮，尤其是宋金战争中，金人占据关中，宋朝以汉中为前方基地与金人对峙，为保证军饷供给，必然在当地发展农业，大兴水利，汉中三堰就是在这一历史背景中开始创建、发展。据《宋史》记载，绍兴中吴阶、吴璘兄弟驻守汉中，吴阶曾大举兴修兴元府（相当今汉中地区）、洋州（相当于今洋县、西乡县辖区）境内水利设施，着重修复山河堰。绍兴七年（公元 1137 年）水利复兴工作已见成效，当地生产得到发展，吸引了数万户外地百姓来此落户，吴阶也因此受到朝廷的奖赏。绍兴十六年（公元 1146 年），政府还专门规定，

当民力修复水利工程不足时，可以动用屯戍部队与民工共同施工。在政府的大力推动下，两宋时期，由山河堰、五门堰、杨填堰组成的汉中灌溉工程体系已初步形成，它们共同代表了汉中盆地灌溉农业的历史和科学技术，统称汉中三堰，至今仍在发挥着灌溉效益。元代，汉中又成为蒙古对四川作战的军事基地，继续推行屯田政策。

一千多来，汉中三堰经过历代维修、加固、改造，至今仍在持续发挥效益。在长期的发展过程中，汉中三堰见证了汉中盆地的灌溉农业发展历程，见证了区域社会经济文化发展的悠久历史，具有重要的历史价值。

二、科技价值：体现了当时水利科技发展的最高成果

汉中三堰利用汉江支流丰富的水资源，在河道上建拦河低坝将河流水位抬高，经引水口把水输入干渠，再通过分水闸或者节制闸送水至各级农渠，浇灌下游的大片良田。汛期进入渠道的洪水以及灌溉尾水，则通过渠道上退水闸回归江河。这种低坝壅水的工程，利用北高南低的地势，部署灌溉渠道和溢流堰，以最少的工程设施和管理，满足了引水灌溉和节制水量的多方面功能。

山河堰是汉江流域有代表性的有坝取水灌溉工程，建造时在褒谷口上固之以木，聚之以石，建堰拦水，就山浚川，并在堆石坝体下游遍植柳树，以起到打桩固堰的作用。南宋时期山河堰共有六座拦河大堰，干支渠道65条，干渠渠首段设有溢流堰，还有宣泄沥水的立交渡槽和涵洞，再加上已普遍使用渠系控制闸门，灌溉枢纽的主要工程设施已经完备，施工技术上采用水准测量进行控制，这在当时也是比较先进的。

五门堰是一座低坝拦河引水灌溉设施，汛时不碍泄洪，旱时蓄水灌溉。渠首五洞，东二西三，形似五门，可以启闭，同时还具有沉沙清淤的作用。下 500 米处，设有进水龙门 2 孔，退水龙门 4 孔，可控制水量。

杨填堰的堰坝为土石结构，14 世纪以后逐渐改为砌石结构。渠首的拦河低坝将河流水位抬高，古堰坝与河道斜交成夹角，不与主流顶冲，采用"低截深掏"的引水原理，巧妙地解决了洪水的冲袭；引水洞正对主流，取水十分便利；水入干渠后，设有冲沙闸和分水闸，而汛期进入渠道的洪水以及灌溉余水则通过渠道上的退水闸回归江河，有效减少了干渠的淤积。"汉中三堰"体现了当时水利科技发展的最高成果，其先进的技术、精巧的设计体现出先辈们的聪明与智慧，也为今天的水利建设留下了宝贵的经验。

三、文化价值: 构建了汉中汉文化的重要组成部分

汉中三堰在汉中汉文化的构建过程中起到了重要的作用。汉中曾是汉文化的发祥地。公元前 312 年秦惠王首置汉中郡以来，至今已有 2300 多年的历史。秦末楚汉相争，被封为汉王的刘邦以汉中为发祥地。三国时期，汉中这块"栈阁北来连陇蜀，汉川东去控荆吴"的战略要地曾演绎了众多英雄故事，被称为中华民族智慧化身的诸葛亮在汉中屯兵八年，六出祁山，北伐曹魏，死后葬于汉中定军山下。同时，这里还养育了"丝绸之路"开拓者张骞，长眠着四大发明之一造纸术发明者蔡伦。

汉中古老灌溉工程世代相传，灌区农民千年来受汉中三堰灌溉之利，对其有深厚的文化认同和强烈的感激之情，形成保护水利工程、传承传统文化的社会基础。汉中人民奉治水有功者为水

神并世代纪念。人们对萧何、曹参、杨从仪等治水者年年祭祀，并举办破土放水节等节庆风俗活动，已传承上千年，形成了一套制度性的仪式。与此同时，历代治堰者，每有事功必刻石立碑详尽其事，其中涉及堰史、制度、水利纠纷、风土民情等各个方面，这些史料传承至今，不仅对于研究区域历史、水利发展史具有重要意义，也从另一个侧面彰显着汉中汉文化的发展脉络。

四、景观价值：形成了水利与田园融合的美丽风景

汉中三堰不仅千年来滋润着汉中沃野千里，也构成了农业田园的美丽景观（图4-24，图4-25）。汉中盆地降水丰富、河流密布，适宜种植水稻、小麦、油菜和豆类，春季油菜花开季节，堰渠、梯田、河流、油菜花和人们劳作的场景构成一幅幅美丽的画面，已经成为汉中一道独特的景观。汉中山河堰堰首位于汉江支流褒河谷口，上游即为古褒斜道遗址，褒河水从山谷中奔泻而来，十分壮观，堰坝、奔腾的河水与河床里遍布的

图4-24　汉中农田

图4-25　汉中农田景观

鹅卵石相映成趣，自成景观；五门堰堰坝壮观，堰头古朴，观音阁、龙门寺由百年古木和浓密竹林守护，静穆庄严。人工的堰坝工程与各种自然人文景观相互交融，给灌区人民在繁忙的劳作中带去美的享受，汉中也因为这种农业灌溉方式而更加美丽。

五、经济价值: 见证了区域经济的发展

一千多年来，汉中三堰为促进汉江上游汉中盆地的农业经济发展发挥了重要作用。目前，汉中三堰的主要效益仍在灌溉方面，汉中盆地是秦巴山区重要的产粮区。与此同时，在拉动旅游经济方面也有重要意义。

汉中三堰充分利用汉江支流的水资源，采用低坝壅水，利用北高南低的地势，部署灌溉渠道和溢流堰，以最少的工程设施和管理，满足了引水灌溉和节制水量的多方面功能。正是这些持续1000多年的灌溉工程，使汉中盆地成为秦巴山区重要的水稻产区。古代山河堰引水渠自褒河谷口东至汉中市十八里铺，全长35千米，支渠60多条，灌溉面积最多时达23万亩。五门堰在创建之初，因为斗山阻隔，灌溉面积十分有限，12世纪中期以后逐渐修建了穿越斗山的渡槽，灌溉面积达到了5万亩。杨填堰分布在城固和洋县汉江以北，浇灌了城固和洋县约1万亩农田。今天汉中盆地的大多数堰渠被纳入了石门水库灌区，或者经过改造成为现代灌区褒惠渠和湑惠渠一部分，但仍然保存着古代的灌溉范围，目前三堰直接灌溉面积为21.75万亩。

随着社会经济的不断发展，物质生活水平的提高，人们对休闲的精神追求提升。汉中三堰自创建以来，留下了大量的自然和文化遗存，灌区管理单位依托这些独特优势，进行旅游开发工作，

拉动了当地旅游经济的发展。山河堰所在的石门水库，是古褒斜道所在地，具有深厚的"两汉三国"历史文化底蕴，当地成立了石门栈道风景区，发展壮大旅游产业，既增加水利单位经济收入，稳定水管职工队伍，又为汉中经济发展做出重要贡献。此外，五门堰的观音阁、龙门寺、杨填堰旁的杨从仪墓等与橘园景区、斗山道教中心、湑水河湿地景区等构成汉中生态旅游观光主要景点。此外，汉中市博物馆保存有大量的水利文物，对灌区的旅游经济也起到了很大的促进作用。

第五章　灌区水文化

　　除了工程遗产外，汉中堰渠还有很多文化遗存，包括祭祀庙宇、碑刻等，它们见证了汉中三堰的发展历史，与工程遗产共同构成了灌区特有的文化景观。

　　一千多年来，汉中灌溉工程世代相传。汉中人民奉修堰有功之人为水神并世代纪念。这样的方式既是纪念先贤，更是激励当代和后代维护好这些灌溉工程。山河堰灌区建有多处"萧曹祠"，这里既是祭祀传说中的治水者萧何、曹参的地方，也是管理者议事的场所。修复杨填堰的杨从仪，也被后人尊为水神，他的墓地就在堰渠旁，仿佛一直在守护着这片曾经呕心沥血的土地。五门堰的渠首处有龙门寺古庙，现存观音阁（图5-1），每年清明节前都要举行破土开水节，百姓纷至沓来，祈愿庄稼风调雨顺。

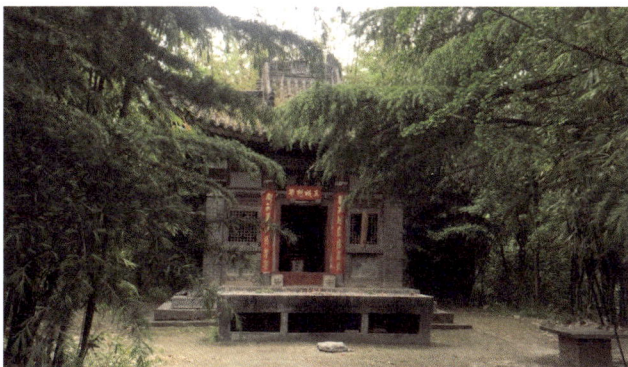

图5-1　五门堰观音阁

第一节　文化遗迹

一、龙门寺

五门堰有龙门寺古庙一座（图 5-2），位于堰头西东西向、堰头西南 20 米处，三进二院结构，占地面积约 1920 平方米，为明清建筑。龙门寺始建于明万历四年（公元 1576 年），历代为祭祀水神和修建五门堰有功名宦之所及管理五门堰人员居住用房。太白楼（大门）、禹稷殿、大佛殿等主体建筑沿中轴线自西向东依次分布，两侧有厢房、耳房等附属建筑，历为五门堰局住所。这里曾经是城固县五门堰文物管理所和五门堰水管站住址。

（一）太白楼

清嘉庆二十一年（公元 1816 年），堰首张东铭、关登岱主持创建太白楼。道光五年（公元 1825 年），堰首吕维成主持堰事时又重建。面阔三间，进深一间，硬山式结构。太白楼建成后，左中右依次塑有平水明王像、太白三神像和清末城固县令张世英像，造像毁于 1955 年。

（二）禹稷殿

创建于明代万历四年（公元 1576 年），为明代城固县令乔起凤修建。面阔三间，进深 2 间，硬山式结构。殿内原塑有大禹像和后稷像，意为"大禹治平水土，后稷教民稼穑，百姓乃得粮食，万世有赖，农之本也"，后遭毁。殿中左有乔起凤泥塑，右有高登明泥塑，均毁。近年重塑，中为后稷大禹，两旁为蒲庸、乔起凤、高登明、张世英泥塑像。后一排是大佛殿，清式瓦房，康熙十五年（公元 1676 年）重建。

（三）大佛殿

亦称正殿，始建时间不详，康熙五十五年（公元 1716 年）重建，民国六年（公元 1917 年）翻修，面阔三间，进深一间，硬山式结构。殿内原塑有造像 20 余尊，1953 年塑像遭毁。1988 年大佛殿落架大修，次年，当地群众自发整修五门堰并重塑治水有功的历代城固县令像四尊。

（四）观音阁

道光十七年（公元 1837 年）建。阁由台基、木架、顶三部分组成，台基长 4.6 米、宽 1.2 米、高 0.97 米，全用石条垒砌。1984—1986年政府拨款 11.4 万元维修。

庙内还存有碑刻有 53 通之多，包括宋元明清水利修建碑、水利纠纷碑、清查田亩碑、水利保护碑、章程碑、歌功碑、堰产碑、书画碑等，号称"小碑林"，是研究五门堰的重要实物资料。

图 5-2　五门堰龙门寺

附：《重修观音阁弁言》① 民国二十年（公元 1931 年）

考龙门寺碑记，五洞渠夹心台观音阁一座，系清道光十七年堰首王公重魁、吴公登魁所建也。中塑观音大士，左右配以龙王、土地，取其水土修和，镇静堤洞，为堰民祈报□献之地耳，迄今世代递嬗，已阅九十有五载矣。椽榱砖瓦尚无□坏，惟供奉神像烟灼尘封，眉目莫辨，而画墙井顶，更觉黛垢如漆，甚不雅观。余等谬蒙田户公举，管理本年堰事，义务所在，弗能推诿，随于暮春既望前三日，冒雨抵堰，即时谒庙拈香，破土兴工，见大士及龙王土地诸像，黑暗熏朦，殊非所以示庄严、肃拜将也。窃查五门堰为万姓养命之源，关系极为重要，余等自惭缏短，恐难汲深，默念大士慈悲为怀，救民水火，果能时和岁稔，应祷以求，自当力为重新，仰答神庥。嗣乃五风十雨，波浪无惊，黄云四野，顺成有庆，为数十载绝无之佳贶，亦近岁不易觐之大有丰年也。既承神祇眷顾，敢不敬报慈恩！爰集匠师，置备物料，于缺略者补葺之，于污朽者刮磨之，庙则丹楹绣柱，神则金面玉衣，墙壁门窗一律章施五彩，光耀夺目，并造鱼钥司其启闭，免致乞丐潜宿亵秽。规模悉仍其旧，气象焕然一新。共费洋银叁拾元有奇。斯役也，非敢言功，不过表其赫濯声灵，俾人民知所敬畏，自兹以往，尤望明神法力持护，乐岁频登，四里农民得以含哺鼓腹，食德不忘也。是为记。

五门堰总理：田培桢撰书，张文锦校阅。协理：张哲、吕烈文、李世清、杜全德。四里堰长、工头、田户、住持，仝泐石。

中华民国二十年岁次癸未阴历孟秋之月中浣吉日立。

---

① 鲁西奇、林昌丈：《汉中水利碑刻辑存》，载《汉中三堰：明清时期汉中地区的堰渠水利与社会变迁》，中华书局，2011，第 254 页。

附：《翻修龙门寺佛殿碑记》[①]**民国六年（公元 1917 年）**

五门堰之有龙门寺，历年已久，不知创建何时，惟考殿上梁纪载，前清康熙丙申年重建，迄今二百有余岁矣。风雨飘摇，殿宇坍倾。去岁芳等赞勷堰务，于佛诞日午正，薨薨若雷声，彻堂室同人趋视，见飞蚁集聚，院庭户牖遍满。董事暨协理诸君怀惭悚惧，虔叩神前祈祷，默佑捍灾降祥。祝毕，而蚁飞散无踪矣。然飞蚁之去固莫知所向，而飞蚁之来，实由殿宇梁木蠹腐所致也。幸是岁秋热，年谷顺成，民乐丰年，盖人有诚心，亦神有感应也。于是鸠工庀材，发心修葺，本拟早日蒇事，藉答神庥；不料时值岁暮，工未告竣，龚君世英、刘君自奎暨协理吴君金榜均因事辞退。本年春，芳与王君化溥承乏堰务总理，幸协理诸君不惮劳瘁，朝夕经营，月余而落成。斯役也，地址虽旧，庙貌重新，爰勒诸石，非敢居功，不过记事之颠末，以显佛祖威灵耳。

局绅：刘燿东、梁之楷、李含芳、王化溥、李元、李永懋；住持：提昆，全立。

民国六年岁在疆圉大荒落孟夏上浣穀旦。

二、杨从仪墓

杨从仪（公元 1092—1169 年），字子和，南宋天兴（今陕西凤翔）人。出身贫困农家，中年之后，因金人侵宋，国难深重，他毅然应募参军，在西北战场抗金将领吴玠、吴璘兄弟部下战斗，他勇猛顽强、屡立战功，逐步由士兵升为和州防御使，赐爵安康

---

① 鲁西奇、林昌丈：《汉中水利碑刻辑存》，载《汉中三堰：明清时期汉中地区的堰渠水利与社会变迁》，中华书局，2011，第 243 页。

郡开国侯。宋孝宗乾道二年（公元1166年），授金州总管知洋州事，杨从仪退休，因故乡沦陷，不能回家乡安度晚年，便居住在汉中城固安乐乡水北村（今丁家村）。他晚年仍十分关心国家大事和人民生活，在地方兴办学校，振作士类，重农政，修水利，通运输，疏险滩，组织当地群众修复了淤塞多年的堰渠，人民为纪念他，将经他修浚成功、造福人民的堰渠改称为"杨填堰"，乾道五年（公元1169年）二月十八日以疾终，葬于城固县原公镇丁家村杨填堰渠侧。

杨从仪墓（图5-3）坐北向南，南北长8米，东西宽5.4米，高4.5米，呈覆斗状。墓前原有石碑二通，其中一通为"宋故和州防御史提举台州崇道观安康郡开国侯，食邑一千七百户，食实封一百户杨公墓志铭"碑，高180厘米，宽85厘米，为南宋乾道五年（公元1169年）立，共四千余字，详细记叙了杨从仪的生平事迹，是研究南宋抗金斗争的珍贵实物资料；另一通碑为清乾隆四十一年（公元1776年）陕西巡抚毕沅书所立，上刻隶书"宋安康郡开国侯杨从仪墓"，碑高180厘米，宽80厘米，厚16厘米，现此两通碑保管于五门堰文管所。墓前有香祠一间，始建时间待考，面宽3.5米，进深2米，单檐歇山

图5-3 杨从仪墓

顶，屋面施灰色筒瓦。献殿一座，始建时间待考，现存为清代建筑，面宽 15 米，进深 8 米，为土木结构，单檐歇山顶，屋面施灰色筒瓦，是当年祭祀杨从仪之所，现保存基本完好。2016 年至 2017 年对此殿进行了保护维修。1992 年，杨从仪墓被陕西省人民政府公布为陕西省重点文物保护单位。

三、褒斜道

褒斜道（图 5-4）是循渭水支流斜水与汉水支流褒水两条河谷而行，由长安穿越秦岭通往陕南、四川的一条道路。因其北入口在眉县斜谷口，南出口在汉中褒谷，故称褒斜道。古代由长安去汉中，先入斜谷，后入褒谷，因之亦称"斜谷道"，为古代巴蜀通秦川之主干道路，全程 249 千米。褒斜道在中国历史上开凿早、规模大、沿用时间长。褒斜栈道始建于春秋战国时期，或早于春秋战国时期。秦惠文王更元十一年（公元前 314 年）秦派张仪、司马错伐蜀，大军即经此道，原来的谷道此时已开凿成能通过大

图 5-4　褒斜道

部队和辎重的栈道了。公元前 266 年，范雎担任秦国宰相后，决定创修褒斜栈道，大力发展秦同巴蜀之间的往来交通，最终"使天下皆畏秦"。此后，褒斜栈道一直是南北兵争和经济、文化交流必行之道。《史记·货殖列传》载："栈道千里，无所不通，唯褒斜绾毂其口"。当时已是"商旅联楄，隐隐展展，冠带交错，方辕接轸"，蜀汉丰富的物资源源不断地运往关中，长安三辅地区发达的文化流传蜀汉，发展了南北经济贸易和文化交流。

东汉永平年间，褒斜道至褒斜道栈道南段山崖陡峭，壁立千丈，河水湍急，所有的栈道修筑手段都显得无能为力，成为道路的巨大障碍。于是在此处开通一个 15 米长的隧道，名曰"石门"。栈道的发展，促进了石门的开通，栈道和石门的宏伟工程，激发了过往文人和士民题刻的情怀，仅石门内壁就有石刻 34 种，连同石门南北山崖间、河石上的石刻，总数达 104 种，统称摩崖石刻。石刻记叙了栈道的兴衰、石门的通塞、路线的变迁、堰渠的重修和历代名人的诗文，是一部珍贵的石头书。最受人推崇和赞赏的有十三种，号称"石门十三品"，被誉为"国之瑰宝""书法宝库"。褒斜道、石门在历代政治、经济、军事、文化等方面发挥过重大作用，其摩崖石刻在书法、建筑艺术上占有重要的历史地位。1961 年 3 月 4 日，褒斜道石门及其摩崖石刻被中华人民共和国国务院公布为第一批全国重点文物保护单位。

1970 年，在修建石门水库时石门藏身水底，许多摩崖亦沉于水下，在地方上一些有识之士的呼吁和政府的支持下，将东汉至宋代的 13 方摩崖石刻凿下，搬迁至汉中市博物馆保藏。

第二节　文化活动

在汉中三堰修建的历史过程中，有许多对修堰有功的人们尤其是地方官员们，长期以来由于老百姓的感恩纪念，在老百姓心中逐渐被神化，而纪念他们的日子也逐渐被固化为特定的仪式，被保存下来，成为人们对保佑风调雨顺、庄稼丰收的祈福的活动，也成为一个地区水利文化活动的特殊印迹。

一、三公祀

新中国成立前，五门堰每年于农历六月二十四日办水利庙会一次，既演戏，又祭祀，人来人往，热闹非凡。这一年一度的盛大庙会，是为了纪念治水和农业的始祖大禹和后稷，以及为修建五门堰呕心沥血，为民造福的元、明两代的三位好县官：蒲庸、乔起凤、高登明，三公于堰建大功，民怀其惠，立乔、高二公祠于五门堰禹稷殿左右间，而斗山麓立蒲公祠，历经世变，屋基无存，后来，也与二公同庙，一并办会纪念。庙会原名使君大王会（即纪念大禹王、后稷王及蒲、乔、高三县令故名）。民国二十三年（公元1934年），经县政府批准，罢使君大王会，改为三公祀。每年仍于农历六月二十四日由堰局办会一次，以为纪念。各堰长及田户代表上堰公祭，即"饮水思源，感恩图报"，永为祀典。直到新中国成立后，五门堰庙会才停止。泥塑神像及三公的塑像曾被搬走。1984年4月成立了五门堰文管所，1989年才又重新塑造了三公之像，恢复了原貌，仍为纪念。

二、张公纪念会

张世英，字育生。甘肃秦州人（今天水人），光绪二十七年和二十八年（公元 1901—1902 年）任城固县县令。勤政爱民，尤注重堰务，整顿田赋局，归并堰产，定章节费，释民重累，将田赋局所存的堰款即归堰用，以免枉耗。并筹划每亩派水钱八百文，作本生息，以备每年修堰之用，以后不再派水钱，以减轻农民负担。此举深得民心。灌区人民十分感激。民国四年（公元 1915 年），张公殁于甘肃秦州原籍。民国六年（公元 1917 年），田户思其恩德公议立会，以作纪念。报省府批准塑公像于太白楼之右间。民国六年（公元 1917 年）城固县知事（县长）吴其昌题其碑曰："功与堉长"。张公纪念会定于每年农历七月二十三日，诞辰之日祀之。后得天水寄来张公之相片，民国二十二年（公元 1933 年）又改塑。张公像毁于 1955 年。1989 年由五门堰文管所又重塑。

附：《建邑侯张公育生祠碑记》① 民国六年（公元 1917 年）

盖闻国隆祀典，礼崇馨香，是所以表厥功而昭报享也。五门堰，考《邑志》：明邑令乔、高两公先后创继修理，历今阅数百有余岁矣。凡守土者，靡不重堰务以兴水利。清季光绪辛丑冬，张公令兹，下车伊始，勤政爱民，首重堰务。稽修堰费款钜支繁，向由所灌之田按亩摊派，恒多浮滥，半归侵蚀，民累苦之。其水利局之积款，空存而无用焉。公志心筹划，详呈列宪，请以水利局积产出息，归堰作费，并按田积本，发商生息，用子存母，一

---

① 鲁西奇、林昌丈：《汉中水利碑刻辑存》，载《汉中三堰：明清时期汉中地区的堰渠水利与社会变迁》，中华书局，2011，第 244 页。

劳永逸，免派水钱，立章存案。民省其累，如释重负。然自有堰以来，已享灌溉之利，至今费有的款，永免浮滥之繁。款归正用，民沾实惠，厥功甚伟，与乔、高并驾，与堰堤同存也。四里田户，乐利蒙麻，爱戴难忘。惟念乔、高已享千秋血食，而公之祭祀，尚付阙如，因特协定，公呈县知事吴，转详陕南道尹张暨省长李，请为公建祠，用昭报享。奉批"查清季张世英前官该县，政绩卓著。而整顿水利尤有召、杜遗爱，应准附祀配享，以顺舆情而彰德政。仰汉中道尹转行知照"，等因奉此。当经遵于本堰龙门寺，就太白楼之右间，附建张公祠，春秋祭祀。并题其碑曰："功与堘长"，以表厥功。但沧桑变幻，恐湮胜迹。乞余为文，表扬德政。余不文，而同沾水利。义不容辞，爰叙颠末于碑阴，以志不朽。张公讳世英，字育生，甘肃秦州（即今改天水县）人，前清以庚辰进士入馆，旋改官县尹，莅仕三奉，实政教养，矢慎与勤，兴利除弊，爱国恤民，贤声卓著，召、杜同饮，造爱甘棠，万代不泯云。

邑人蔡寿诞撰并书丹。

五门堰四里绅粮：王之桢、吴金榜、龚世英、刘自槐、陈五伦、吕润之、李润芳、张永桢。

中华民国六年岁次丁巳秋七月既望穀旦。

三、水事民俗

（一）放水节

城固五门堰被当地农民称为养命堰，历代县令重视护堰。每年清明节举行开闸放水仪式，极为隆重，代代相沿。先敬平水明王（宋将杨从仪，治堰有功，民间称之为平水明王），县令带领众人叩拜奠酒，燃烛焚香，宣读祭文，颂扬水神惠泽万民之功，

并设宴庆贺。每年六月六日，灌区群众举办酬神活动，谓此日为平水明王生日，以祝贺诞辰。祭祀活动主要为唱戏，农户香客布施之钱物，用于培修神庙及水利事业。今无。

（二）祈雨民俗

尽管汉中境内河流众多，降水丰富，但因为降雨季节性不均衡，常发生旱灾。旱灾对于农业生产的破坏性是极大的，为保证农业丰收，当地官吏一方面兴修水利满足灌溉，另一方面也寄希望于祈雨这样的仪式。

以康熙年间的洋县为例。因处于城固县下游，一遇到旱灾，官方便有祈雨的行为。据康熙《洋县志》载，"康熙十年（公元1671年），无禾"。当时知县毛际可《祈雨涌泉洞文》一文可以看出当时的祈雨行为：

> 际可前因亢旱已极，躬祷于九真洞之神，其时，丽日中天，四望绝无云翳，迨入洞祷祀之后，忽阴霭翁集，轻霖洒尘。是夕，疾风自东北来，雨若倾峡，方谓秋成有望矣。然不逾时，辄止。岂际可始虔而终怠，有以干神之怒耶？抑龙虽灵，未奉上帝之命，仅能相濡以沫，而不能崇朝永耶？今转盼二日，正蓄极而通，否穷将泰之会。又闻神之显应尤著，捷如影响，故敢恭遣官耆人等，特布血诚，衔哀请命。伏恳转吁上天，以国课不可全亏，民命不可终困，速赐甘霖，以苏群稿，使人谓神之灵，出于诸洞之上。际可亦将不揣芜陋，著为歌颂，播之四方，以彰成灵于万一，顾不休欤？

这次祈雨，参加的不仅有地方官，还有地方上有一定影响力的人，为的是保证农业生产的顺利进行，此次祈雨成功，但降雨时间不长，并没有完全解除干旱问题。于是，毛际可又再次于涌泉洞祈雨。据《涌泉寺诗并序》记载：

　　辛亥孟秋，余祷雨至涌泉寺，其池方广数亩，澄澈可鉴毫发。有泉自下涌出，如散珠碎璧，霏微不绝，余以锡瓶掷水中，漂浮不坠，恳祷数四，乃沉穴底，父老谓："须其浮，乃为龙湫之验。"余谓，古语云，瓶坠水中，永无出理，然以中情虔切，祈拜不敢稍懈，自辰至酉，闻迅雷一声，余方谓无云而雷，必非雨兆，转盼之间，其瓶忽浮出水面，为之舌矫，而不能下。捧赍下山，未及半里，骤雨滂霈，衣袂无寸干者，始信神理响应，不可以寻常耳目测也。初祷雨时，许为歌颂，以扬神庥，不敢负诺，谨为五言古律一章，以榜檐额，不自知其俚拙也。

田家望西成，秋阳转酷热。

兼旬阙甘霖，旱魃恣为孽。

父老往荷锄，渠道苦争决。

洒泪枯苗根，斑斑皆成血。

目击惨心颜，步祷忘躄蹩。

兹泉久得名，冬夏共寒冽。

地肺谁灌输？累累如珠缀。

银瓶掷泉底，深坠蛟螭穴。

晨光肆拜祈，日久未敢辍。

浮出忽有神，疑值幽灵挈。

儿童竞欢舞，余亦惊目瞥。

须臾阴霾生，风霆若奔掣。

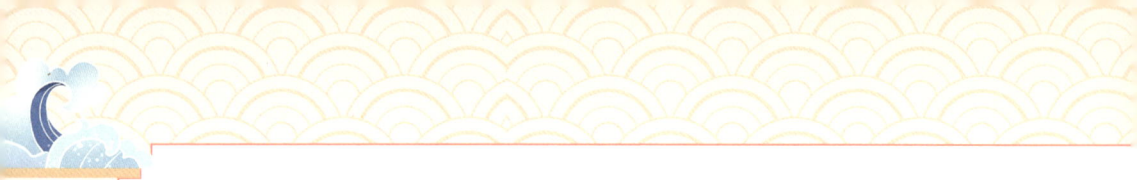

骤雨扑须眉，气闭不得噎。

始知天人理，影响加相迭。

土膏已滋润，万宝偕成结。

寸晷镂神功，书以告来哲。

这一次祈雨，知县毛际可目睹了当地因缺水导致沟渠干涸、庄稼枯槁、农民深受生存之苦的景象后，采取了锡瓶沉水祈雨之法，此次祈雨或许因缘巧合，旱情得以消解。而毛际可则认为祈雨"心诚才会灵"。史料记载，康熙三十年（公元 1691 年）、三十一年（公元 1692）年洋县再次发生大旱灾："三十、三十一两年大旱，夏秋无收，民大饥，疫疠横行，家户相传。"为此，地方政府进行了四次祈雨行为。康熙三十年（公元 1691 年）的这次旱灾，汉中知府除了采取一系列措施缓解旱情之外，还与城固知县常名扬"率同城文武齐宿于五云宫致恳乞诚"，这种祈雨行为在一定程度上已经不是民俗，而是一种官方行为，一方面统治者寄希望于天解民困，另一方面也是通过这种仪式树立在百姓心中的威信和认同感。

第三节　治堰名人 [①]

汉中三堰之所以能延续至今，源于历朝历代无数的地方官、乡绅和百姓的共同维护与管理，汉中历史上涌现出许多治堰名人。

[①] 本部分内容来源于汉中市水利局提供的汉中三堰申请世界灌溉工程遗产资料，与郭鹏主编，童庆主笔的《城固五门堰》。

一、宋代

鲁宗道，亳州谯人。大中祥符年间（公元 1008—1016 年）为县令，性介直，诚信于人，百姓爱之如父母，不忍欺焉。民陷于法，宗道曰：民失其道，上之过也。痛自克责，民化于善。有志惠民，关心五门堰堰务。

许逊，字景山。北宋真宗大中祥符年间（公元 1008—1016 年）任兴元（即汉中）知府，疏浚旧堰，采木石修之。堰成，岁大丰。欧阳修（撰《许景山行状》）记其事。

吴玠（公元 1093—1139 年），字晋卿。德顺军陇干县（今甘肃省静宁县）人。南宋抗金名将。早年从军抗击西夏，后与其弟吴璘领兵抗金，于和尚原、饶凤关、仙人关等地屡次挫败金军，为保全川蜀之地作出杰出贡献。驻守汉中期间，为保障军饷供给，曾大修山河堰，水利发展后吸引了数万户百姓来此落户。

吴璘（公元 1102—1167 年），字唐卿。德顺军陇干县人。南宋初年名将，四川宣抚使吴玠之弟。吴璘在北宋末年随兄长吴玠抵御西夏，屡立战功。南宋初年，吴璘与兄长配合，于箭筈关战役击退金将没立、乌鲁折合军，又在和尚原、仙人关等地屡败金军。乾道元年（公元 1165 年），驻扎汉中，"修复褒城堰，溉田数千顷，民甚便之。"

吴拱（？—公元 1176 年）。德顺军陇干县人。南宋重要将领，四川宣抚使吴玠长子。早年随父从军，宋孝宗时官至侍卫马军都指挥使，卒赠太尉，谥号"襄烈"。乾道七年（公元 1171 年），作为兴元知府大修山河堰，开渠大小渠六十五道。

杨从仪（公元 1092—1169 年），字子和，陕西凤翔人，生于北宋元祐七年（公元 1092 年），中年，金人侵宋，国难深重。他毅然应募参军，投到西北战场抗金将领吴玠、吴璘兄弟部下。战斗中，他勇猛顽强、屡立战功，逐步由士兵升为和州防御使，赐爵安康郡开国侯。宋孝宗乾道二年（公元 1166 年），75 岁高龄的杨从仪退休。因故乡沦陷，不能回家，便居住在城固县水北村（今丁家村），78 岁病逝就地安葬。南宋隆兴元年（公元 1163 年）至乾道元年（公元 1165 年），杨从仪"知洋州"时，对杨填堰大加修浚。

薛可光，字景孝。河东人。由县尉升为城固知县，事有文学，谙世务，率吏民以拒寇，兴水利以灌田，民怀其德，故名其所筑桥渠，曰："薛公渠"。宋绍兴年间（公元 1131—1162 年），"创斗峰接槽，买民址，易渠道，水始下流。"①

阎苍舒，太原人，字才元，乾道年间（公元 1165—1173 年）为城固县令。其化民以德，不任刑罚，躬行礼义，以身先之，民皆悦服，风俗大变。有志惠民，关心堰务。乾道七年（公元 1171 年），兴元知府吴拱（吴玠长子）大修山河堰，阎苍舒率城固民众参与，任修堰监领人，工竣，曾撰书《重修山河堰记》。

章森，字德茂，绵竹（今属四川）人。孝宗淳熙十二年（公元 1185 年），以大理少卿充贺金国生辰国信使。1187 年，为吏部侍郎。1188 年，知建康府。光宗绍熙二年（公元 1191 年），改知江陵府，移知兴元府。绍熙四年（公元 1193 年），主持修复山河堰。

①《唐公车湃水利碑》。

二、元明时期

蒲庸，字时中，鄜延人。世儒业，山学官登进士。至正七年（公元1347年）六月任城固知县。是年秋至次年春，"修五门堰，改创石渠一道，以通水利，民蒙其惠，立生祠于斗山之麓"[①]，"灌田四万零八百四十余亩"[②]。

赛因普化，蒙古族人，元大德年间（公元1297—1307年）任兴元路，劝农事，兴水利，修复山河堰。

郝晟，字景阳，历城人。弘治五年（公元1492年）在汉中府推官兼城固知县，亲往渠上视察，重开官渠及斗山石峡，主持用火烧水激之法，开凿斗山石咀，称石峡或石峡堰。则石渠畅通无阻，灌田五万余亩。民获灌溉之利也。正如明人袁宏《石峡堰》诗所赞："就中石峡势磅礴，石齿凿凿鲸牙颚。劈开石峡果伊谁？汉中府推东鲁郝。"

范时修，四川成都人。举人。嘉靖二十六年（公元1547年）为城固县令，"清廉爱民，力勤堰务"[③]。"建农亭于郊野，此其最著者也"[④]。

乔起凤，山西安邑人。举人。万历三年（公元1575年）为城固县令，"亲诣堰渠，相其高低，查田编夫，创修各洞湃水口（即现在控制水量大小的斗、升门），计田均水"[⑤]。又于万历四年至

---

① 严如熤主修，郭鹏校勘《嘉庆汉中府志校勘》，三秦出版社，2012。
② 严如熤主修，郭鹏校勘《嘉庆汉中府志校勘》，三秦出版社，2012。
③ 严如熤主修，郭鹏校勘《嘉庆汉中府志校勘》，三秦出版社，2012。
④ 严如熤主修，郭鹏校勘《嘉庆汉中府志校勘》，三秦出版社，2012。
⑤ 康熙《城固县志》。

七年（公元 1576—1579 年），"又于堰西创立禹稷庙三间，使人人知重本之意。大门三间，二门三间，两旁官房二十余间，以为堰夫栖止之所"①。民怀其惠，立乔公祠于禹稷殿之左间，每年于六月二十四日祀之。

高登明，山西翼城人。举人。万历二十三年（公元 1595 年）为城固县令，"鉴于各洞湃水口所用木栈易坏，乃亲捐俸金，更木以石，仍照乔公旧规修砌"②，有分水洞湃 36 处，浇田五万余亩，又于万历二十六年至二十七年（公元 1598—1599 年）领导整修城固六大渠堰（高堰、百丈堰、五门堰、石峡堰、杨镇堰、上官堰）使城固七万亩之田得到灌溉。民怀其惠，立高公祠于禹稷殿之右间，每年六月二十四日祀之。

张凤翮，城固人。"天启乙丑（公元 1625 年）进士，擢御史，巡按云南衡文江左。因论事迁浙杲，寻升江西巡抚。少而力学，为人倜傥不羁，尝曰：功不先梓里，何以及天下。故得志后，开城东之新堰，筑南乐之义堡（即今上元观老街）。"③又创修城固石牌坊。后又"慨捐己资，募工匠，采石办灰，躬亲督理，改修五门堰分水，油浮湃支流，三道石堰，灌田不下数顷"④。"民怀其德，造碑亭于杨家坝之西，尹营之东，刻石以记其事"⑤。

贾古升，城固人。"永乐癸未进士（永乐元年，公元 1403 年）。历官都御史，正直敢言，归休后，能兴水利，为人所颂。"⑥

---

① 《重修五门堰碑》。
② 《五门堰合祀三公立案碑》。
③ 康熙《城固县志》。
④ 康熙《城固县志》。
⑤ 康熙《城固县志》。
⑥ 严如熤主修，郭鹏校勘《嘉庆汉中府志校勘》，三秦出版社，2012。

张良知，字条岩，河东安邑（今山西省安邑县）人。举人出身。明嘉靖年间（公元 1522—1566 年）任汉中府同知，"修山河堰，大著勤劬，汉民乐利，至今称之"①。

项思教（公元 1528—1585 年），字敬敷，号立庵，临海城关人。明嘉靖四十一年（公元 1562 年）进士，授刑部主事。历工部屯田司郎中，刑部郎中、永州知府。母丧服满授汉中知府，修城池，劝农桑，兴水利，修筑堤堰数百处，灌田万亩。

崔应科，河南登封人，进士，万历年间任汉中知府。"修堰浚渠，筑成葺庙，有废必兴，鼓舞文士，多有成立。"②

三、清代

毛际可，浙江遂安人。进士。康熙十一年（公元 1672 年）为城固县令，"查久淤古渠，侵占在民者，仍照旧宽挑浚，水大通行。"③

胡一俊，北直隶滦州人，贡监。"康熙二十五年（公元 1686 年）堤崩，县令胡一俊申请修筑，较前益坚"④。

滕天绶，奉天（今辽宁省）辽阳人。康熙二十五年（公元 1686 年）由广东潮州府同知升任汉中知府。"天绶亲历南、褒、城、洋诸邑，相视地形，筑堤建闸。且勒禁镌石碑，启闭有期，蓄泄有界，自是争端永杜"⑤。

严如熤（公元 1759—1826 年），字乐园，湖南溆浦人，年

---

① 严如熤主修，郭鹏校勘《嘉庆汉中府志校勘》，三秦出版社，2012。
② 严如熤主修，郭鹏校勘《嘉庆汉中府志校勘》，三秦出版社，2012。
③ 康熙《城固县志》。
④ 康熙《城固县志》。
⑤ 《汉中府志》。

十三，补诸生，少负大志，究心经世学。乾隆五十四年（公元1789年）优贡，入读岳麓书院，师从罗典，研究舆图、兵法、星卜之书，尤留心兵事，学使者张姚成称其曰："为经世才，足当大任。"乾隆五十七年（公元1792年）在明山书院任主讲，乾隆六十年（公元1795年）入湖南巡抚姜晟幕。嘉庆五年（公元1800年）参加廷试，历任洵阳县令、贵德知县、汉中知府、陕安兵备道。嘉庆十五年（公元1810年），夏秋水涨及堤，将旧堤身冲决成河，两邑士民，请陕安道余正焕、知府严如熤主持修治山河堰。

余正焕，字星堂，湖南长沙人。嘉庆六年（1801年）进士，选庶吉士，授编修，历官陕安、迤西兵备道，江西盐巡道，署按察使事。嘉庆十五年（公元1810年），夏秋水涨及堤，将旧堤身冲决成河，两邑士民请其与严如熤主持修治山河堰。

郭士颖，字乐喜，湖南巴陵人，举人。嘉庆十二年至十五年（公元1807—1810年）为城固县令，关心五门堰务，清查田亩。

黄宾，琴城人，举人。道光五年（公元1825年）为城固县令，注重堰事，清查田亩，捐银五十两，协助重修太白楼。

俞逢辰，江苏丹徒（今为镇江市）人，道光八年（公元1828年）为城固县令，身兼首事，督工修堰，民沾惠利。

富明阿，蒙古族人，进士。道光十四年至十七年（公元1835—1837年）为城固县令，勤于堰事，重修五洞，投资监督。

曹士鹤，字秀桌，江苏江宁人，进士。咸丰十年（公元1860年）为城固县令，重堰恤民，撙节费用，订立章程。

肖翰卿，同治四年（公元1865年）为汉中总镇，笃惠堰民，先年驻城固时，曾借粮充饷，捐银两千两，以赏前愿。从此堰有底款，堰民为此之恩，刻石立碑，以颂其德。

张克俭，同治四年（公元 1865 年）为城固县令，将堰底款购置产业，设立田赋局，使之营运生息，减民负担。同治二年（公元 1863 年），四川农民军蓝大顺占领斗山。同治三年（公元 1864 年）正月农民军撤退时，田荒堰废，五门堰被秋水冲毁。张以堰务为急，筹款修治五门堰。

周耀东，字煦生，湖北咸宁人，举人。同治八年至十一年（公元 1869—1872 年）为城固县令。同治九年（公元 1870 年），五门堰堤均被大水冲毁坏，周等主持重修五门堰并官渠坎。光绪元年（公元 1875 年），又派人监助首事，清查田亩，查出隐者计四千以外，并将复查后"十八湃通共灌田三万四千一百二十八亩七分四厘"[1]，刻石立碑以记之。

封祝唐，字寿君，广西人。光绪十七年（1891 年）为城固县令，整顿田赋局，请剔前弊，以防侵吞。

张世英，字育生，甘肃秦州（今天水）人，庚辰年（公元 1880 年）进士，光绪二十七至二十八年（公元 1901—1902 年）为城固县令，注重堰务，归并堰产，将田赋局所存堰款，即归堰用，并筹划每亩派水钱八百文，作本生息，以备每年修堰之用，之后再不派水钱，以减轻农民负担。并定立堰务章程。民国五年（公元 1916 年），张世英于甘肃秦州去世，田户思其恩德，于民国六年（公元 1917 年）为其在太曰楼之右间塑像，每年七月二十三日诞辰祭祀。像毁于1955 年。

王世英，字彤生，直隶天津人，监生。光绪二十四年至二十九年（公元 1898—1903 年）为城固县令，关心堰务，修堰疏渠，并

----

① 《五门堰复查田亩碑》。

订立修堰章程。

徐普，字仲三，江苏上元人，举人。光绪二十九至三十年（公元 1903—1904 年）为城固县令，关心水利，重视防洪，修改堰章。

四、民国时期

吴其昌，字西生，号雨香，安徽人。民国五年（公元 1916 年）为城固县知事（县长），注重堰务，亲诣勘视，出示布告，五门堰头至百丈堰中间不准开荒种地、放牧践踏及砍伐树木。

楚奇功，字尚武。民国十年（公元 1921 年）为城固县知事（县长），规定河源供水，依均水之法，乃按亩多寡计算，平分水量，不许上游百丈堰将河流水势，完全截断，要保证五门堰的来水量，并立案刻石，永远遵守。

杨虎城，陕西蒲城县人。1932 年，城固县县长向省政府呈报该县赈务会主席寇陈纲等的报告，改建五门堰坝工程，需款 16 万元。由地方自筹 8 万元，申请省上补助 8 万元。当时，杨虎城将军任陕西省政府主席，曾视察过城固，对五门堰印象较深，遂亲自批复："令建设厅、国府救济水灾委员会，拨给赈款 8 万元，以工代赈。"后因战争和灾荒，可惜这一改建计划未能实施。

赵寿山，陕西户县（西安市鄠邑区）人，民国二十二年（公元 1933 年）为杨虎城部 38 军旅长，驻军城固县。是年六月初，洪水冲崩五门堰坝数十丈，二洞塌陷，时值稻田用水之际，赵派李维民营长率兵抢救五门堰，用时十日，堰成水复，秋谷丰登。后赵任 38 军军长。新中国成立后，先后任青海省人民政府主席、陕西省省长、全国人大常委会委员、国防委员会委员，1965 年

汉中三堰 秦岭山外山 汉江堰与堰

去世。

孙尉如，国民党38军军长，民国二十三年（公元1934年）驻军汉中，批准南郑税务局卡，免收五门堰修堰运竹厘税。

陈大庆，国民党31集团军第29军军长。民国二十九年（公元1940年）驻军城固，出布告，严禁砍伐堰堤两旁及斗山后官渠坎树木，以保护堰渠。

丁耀中，安徽怀宁人。民国二十九年（公元1940年）为城固县县长，亲临勘验堰渠，即令百丈堰拆去加高部分，要保证五门堰水量，以救下游稻田禾苗干枯，免遭年荒。

第四节　碑刻

汉中三堰还留存有大量的碑刻，记录着堰渠修建、管理制度、水利纠纷等历史。汉中三堰留存的碑刻有59通，包括宋元明清水利修建碑、水利纠纷碑、清查田亩碑、水利保护碑、章程碑、歌功碑、堰产碑、书画碑等，记述了汉中三堰的创修、管理及历史沿革。

一、摩崖石刻

《山河堰落成记》（图5-5），是记录山河堰修建的重要摩崖石刻。此摩崖刻于绍熙五年（公元1194年），由当时的陕西南郑县令晏袤所书，晏袤为北宋著名政治家、文学家，词人晏殊的第四世孙。《山河堰落成记》又名《重修山河堰碑》，全文仅有百余字，记述了南宋年间水患严重，冲坏山河堰，官民共同修筑的历史，并详细记录了使用的料、工、钱和主持修筑的情况。

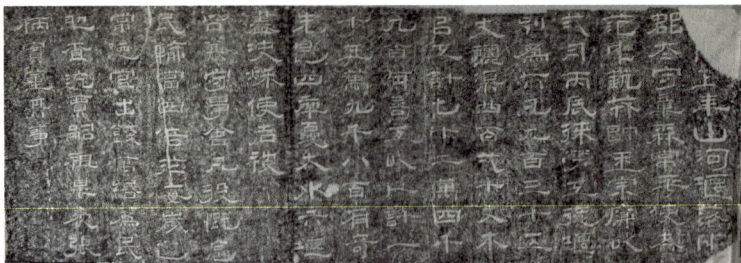

图 5-5　南宋《山河堰落成记》摩崖石刻

20 世纪 60 年代末重修石门水库，《山河堰落成记》与其他摩崖石刻一同被切割凿出，藏入汉中博物馆。国务院将这批摩崖中的十三种碑刻评定为"一级甲等文物"，称"汉魏石门十三品"。

《山河堰落成记》不仅为我国古代水利灌溉工程的研究提供了珍贵的实物资料，还具有一定文学艺术价值。崖刻的隶书轻松自然，个性鲜明，主笔夸张，视觉冲击力较强。它与东汉后期的隶书相比，笔画波折有所强化，粗壮肥美，却不失飘逸，既有汉碑的厚重、唐楷的严谨，又符合南宋时期的隶书风貌，是宋代隶书中的佳品，也是晏袤的书法代表作。

附：《山河堰落成记》摩崖石刻全文 ①

（绍熙）五年，山河堰落成，郡太守章森、常平使者范中艺、戎帅王宗廉，以二月丙辰徕劳工徒。堰别为六，凡九百三十五丈，酾渠四百一十丈。木以工计，七十二万四千九百有奇，工以人计，一十五万九千八百有奇。先是四年夏，大水，六堰尽决。秋，使

---

① 汉中地区水利志编纂委员会：《汉中地区水利志》，陕西人民出版社，1994，第 325 页。

者被旨兼守事，会凡役，慨念民输。当四倍于每岁之常，乃官出钱万缗，为民助。查沅、贾嗣祖、晏衮、张丙实董其事。

二、碑刻

汉中三堰留下了众多的碑刻，这些碑刻碑石从不同角度全面系统地记载了各个历史时期汉中三堰的创修、管理及历史沿革，碑文语言流畅，字体娟秀，雕刻技艺精湛，不仅为研究我国古代农田水利开发、管理、保护提供了珍贵的实物资料，还有极高的书法文化鉴赏价值。下文摘录一些有代表性的碑刻，供读者参考。

（一）《山河堰四六分水记略》① 明·崔应科

汉南水利之大者无如山河堰。自高堰子迄三皇川为洞口者四十有八，溉军民之田四万四千八百二十有三，上坝与下坝利实共之。迄者，下坝之民每苦浇灌之难。一值亢旱，秋成无望。万历二十三年司李宋公一韩，奉文踏看灾伤。历巡两坝，察利病之源，酌民情之便，定其期限：由高堰至李官洞浇田一万九千六百八十亩，临近官沟注水易，议为四日；由高桥至三皇川浇田二万五千一百四十三亩，驾远注水难，议为六日。均为两轮，周而复始。在上者不知其余；在下者无忧不足，洵万世永赖哉。宋公去，二十八年巡道李公命以其议勒诸石。三十一年郡丞张公光宇至，以职水利。巡陇亩，采群议，无如宋公法善。议拨田夫分两班赴上坝洞口宿守防范。每轮毕，则差役同甲头封闭焉。经画周以悉矣。

① 原载清道光《褒城县志》卷二《山川图考》。崔应科为明万历年间汉中知府。

（二）《重修山河堰记》^①宋·杨绛

　　乾道元年，四川宣抚使判兴州吴公璘，朝行在所，上宠嘉之。再拜上，进爵真王，仍以奉国节旌移汉中。粤自用武而来，戎马充斥，民事寝缓。公至，则曰："国基于民，而民以食为天，凡所以饱吾师、强吾国者，民也。民事固缓，而恬不加恤，是不知本之甚也，其可乎哉？"乃申饬僚吏，具诏令之忠厚爱民，与夫政事之偏而不起者，次第施行之。给和籴之缗，而人无白著；停逾时之赋，而困穷以苏。兼并均敷，悍黠弗贷。严而不苛，宽而有制。至若铲蠹除害，惠泽流布，家至户到，咸知乐业。

　　明年春，农务未举，公首访境内浸溉之原，其大者无如汉相国曹公山河堰。导褒水，限以石，顺流而疏之。自北而西者，注于褒城之野；行于东南者，悉归南郑之区。其下支分派别，各遂地势，周溉田畴之渠。百姓享其利。惟时二邑，久矣息作。每岁鸠工度材，以钜万计。将有事于沟洫，狡狯者，赢其财；侥幸者，啬其工。重以异时，小夫贱隶，染污习熟，卖丁黩货，并缘为奸。以故无告蒙害，泽不下究。公慨然念之，锐意改作。与提典刑狱兼常平使者秘阁张公，商榷利病。先事设备，偕诣堰所。击鲜格神，涓日起役。奋锸如云，万指齐作。乃檄通判军府事史祈倬总督之，仅两决月断手。凡用工若材，视曩为省，而增创护岸之堤又数百丈。祁会邑宰，宣劳殚力，往来其间，申画畔岸，以杜分争。检校精确，以别勤惰。如公指挥，人自知畏，不扰而辨。先是，光道捷积弊，隳废逾二十年，而堰水下流，惟供豪右轮杆之用。异时沃野，皆

---

　　① 此碑文又称《杨绛山河堰记略》，摩崖石刻高100厘米，宽约150厘米，于石门南褒河东岸，即"褒谷二十四景"之一的"堰口镇珠"处，俗称婆婆坑，此堰指山河堰第一堰，此摩崖已泯灭无存，文摘自清嘉庆《汉中府志·艺文》。

化泻卤，民实病之。公又躬即其处，相方度宜，易地穿渠，料简卒徒，官给财用，分授方略，俟道使之，刻期而就。凡以工计者，又十万有奇。水利至是惟广，能周溉三万余亩，泻卤复为上腴。讫事，而民弗预，抑又难焉。

钦惟我公，威名骏烈，为社稷之卫，而司全蜀之命者历三纪矣。建兹保厘，功崇位极，乃复推原本始，笃意民事。为朝廷固不拔之基，与黔首垂无穷之福，殆非识虑浅者之所能为也。曹为异代创业之辅，公实今日中兴之佐。先后相望，千有余岁，其爱民利物之心及所成就，不约而同，可谓盛德事也。召父杜母，何足拟伦？褒中之石，幸可磨镌。辞虽不腆，绎职在是。庸敢直书，昭示来世。

（三）《滕太守分水约》①

凡沿河地界，在城田用水地方者，城民照例拨夫浚筑；在洋田用水地方者，洋民照旧例鸠工挑修。至于截河大堰，系二县用水之源头。帮河堰、鹅儿堰乃二县泄水之要口，须照田地用水之多寡，分工计程，合力修筑。查城田十之三，用水亦十之三，工宜三分；洋田十之七，用水亦十之七，工宜七分。是用水既均，而力役尤平。又查帮河堰、鹅儿堰二处，系泄水要口。若二堰修筑不得其法，不惟若许田灌溉不继，而且徒劳无益。如往者以乱石磊砌，难免随水飘流之患。兹欲其巩固，一劳永逸，莫若编设芦囷之法为善。其法：芦囷每一个长一丈，高二三尺许，约与堰堤量矮数寸。其芦囷内填以乱石，编立两条，中间数尺，仍填乱石于内。水小障拦不竭，水涨任其漫过。自是，工可久而水利有赖矣。他如城田洞口，俱要另修，合照闸式，高不过四尺，宽不

---

① 嘉庆《汉中府志·水利》。

过三尺，余其所费无几，便于封锁。至临期用水之时，城田洞口俱开，放水三昼夜。三日已满，许洋县管水利官，率同堰长，逐一封锁。洋田洞口，以七日七夜为期。自此周而复始，水无不给，利无不均矣。再考城民设立水车八具，亦高田救旱之必需，无禁遏之理。但止许单轮，不许双具，恐其拦阻河道，壅塞下流。即单具水车，亦止许小堑取水转轮而已，不得过高，阻遏下河之水。照此永远遵行，毋违！

（四）《五门堰碑记》[①] 元·贾申立

天下之物，大能为天下利害者，水而已。刊山川，浚畎浍，行其所无事者，备其害也。兴堰务，开渠道，因之以灌溉者，资其利也。故能计其功业之大，宜亦莫之加焉。若乃忧民之忧，利民之利，足食而壮国者，其蒲侯之谓与。

侯，鄜延人，名庸，字时中，世儒业，由学官登进士，至正丁亥夏六月，来宰是邑，公平正大，境宇一新。以宣化抚民、兴利除害为务。但可为者，不择难易。汲汲焉，常若不及。县治北谷，壻水出焉。有堰截水分割其派，与壻相望而下，不十里，皆抵斗山之麓。上抱石嘴，半中筑堤，过水碧潭，去此上流。横沟五门，恐水或溢，约弃入沟，用保是堤，因曰五门堰也。溉田四万八百四十余亩，动磨七十。每岁首，凡一举修，竹木四万九百有奇，夫六百七十五人，逾月方毕。略值雨淫，壻必浩发，激湍迫荡，堤为尽去，复如费修筑，稻乃薄收，蒙害尚矣。秋八月，无故崩溃。侯诣彼目视，顾左右曰："以此为壻水正冲之要，虽极殚民力而加亿万之计，欲其无害，焉可得乎！如是冀利用厚生犹枉寻直尺，

① 康熙《城固县志》。

弗忍为。"遂登高冈，视于石嘴，盘桓良久，曰："此可图也。"虽通底皆石，果哉不难。甫及农隙，命堰长董工役，召冶匠锻器具，率磨夫百余以役其事。应期咸集。或曰："此神堰也，无乃不可。"侯曰："我当之！"又有进其说曰："甲申之间，亦尝大圮，有匠欲凿，酬其缗三万五千，不允，掉臂而去。今幸不动其财，不扰其众，止以若等人力，将敌无量之坚，不亦远乎！"侯勃然而叱之曰："是非若尔所知！"遽奋袂攘衿，倡锥以击，而众心乐为。月以继日，焚之以火，淬之以水，皆自暴烈而崩。乃以所取之石，仍塞旧渠，示以次成功。及半途，石忍而确，莫不畏难退怯，嗔心排沮之者，乘衅而入。侯藐不为意，躬操其器，忾如与敌，一勇皆摧。惊相语曰："力耶，术耶？天之所辅耶？"愈信服，莫敢后先。经始是岁之秋，功成于戊子之春仲。其广丈一，其深四仞，袤一十八丈，余所可理，无不致力。卑者崇，狭者广，曲者直，圮者完，其固莫当，功竟乃还。堰长贾文美、李起宗及耆宿，奔告予曰："我侯，真邑宰也。凡治行，姑请置之。惟是役之兴，若可苟为固不待，夫千百载之下，今一为之，不言可知。请为纪其绩，勒于珉，树之堰侧，将示诸来世，知其开凿之源。"此余亲及见之，义不容辞。详夫侯之举此，可谓极其心目诚。始，余之见其一利一害，已判然矣。遽至义气所发而不过，惟其所向，何物不屈，惟其所感，何物不格？况彼之冥顽，奚以能抗其诚哉？是则摧挫暴烈，分崩离析而莫之堪。偶遇颇艰，群沮海沸，正谓"震惊百里，不丧匕鬯"。及其以身先之，与民同甘蓼，一感遂通。呜呼！非诚之至，义之至，其孰能于此？是能卒成永久之业，而建远大之功，俾民绝其修筑之劳，而乐无穷之利，猗与至哉！民图一报，无所措施，乃为立祠，绘其坐容，惟旦夕瞻仰，而伸敬焉。窃谓宋之鲁公，后阆公苍舒，由是邑而达宰辅，名著青史。昔好事者，为具载其行事，立于县圃之东，昭然可考。惟今治行功业，殊与无愧，他日宠荣旌异，虽不敢必，亦知时之有待。铭曰：粤为上帝，于焉赫赫。降此忠良，挥扬奕奕。忠良为何？是曰蒲侯。曰强哉矫，克壮其猷。侯惠极致，德音孔良。民之思之，山固水长。

元至正八年立。

（五）《重修五门堰记》① 明万历十年（公元 1582 年）（图 5-6）

赐进士第中宪大夫，四川等处提刑按察司副使奉，敕整饬叙泸兵备兼分巡下川南道，前总理辽东粮储户部郎中、城固黄九成撰。

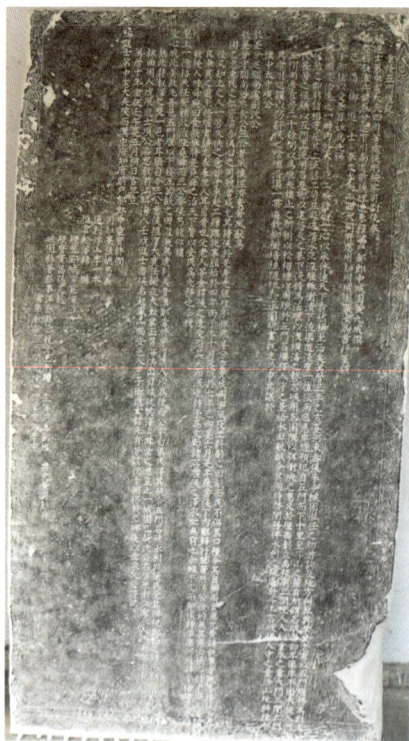

图 5-6 《重修五门堰记》碑

己酉乡进士、奉直大夫、山西大同府应州知州、城固廉汝为书并篆额。

圣天子御极，以爱养百姓为先务。天语涣颁，庆洽远近，一时内外大小臣工，咸精白一心，以承休德，天下翕然，称至治矣。

万历三年乙亥夏，河东乔侯来令城固，莅任之初，首询及地方利弊兴革，父老以五门堰务为对者，侯然之。即躬诣相度，见其上流，旧工苟且，每遇清水泛

---

① 陈显远编著《汉中碑石》，三秦出版社，1996，第 170 页。

涨，辄冲溃。下流渠道浅窄，一值猛雨迅急，岸随颓圮。自五门而下十里，到斗山之麓，有所谓石峡，若节年渠岸不固，水旋入河，民甚苦之。侯议以五门上流，用石叠砌，以建悠久之基；下流修为活堰，以泄横涛之势；石峡用石固堤，以弭冲决之患。又于堰西创立禹稷庙三间，使人人知重本之意。大门三间，二门三间，两旁官房二十余间，以为堰夫栖止之所，树以松柏，缭以周垣。于五门石堰，择人守之，量给水田数亩，令其伺时启闭，务俾水利之疏通。于斗山石峡，择人守之，量给山地耕种，令其常川巡护，以防奸民之阴坏。沿渠一带，遍栽柳树，培植堤根于未固。规划既定，乃申其议于汉中太守项公、钦差分巡关南宪副沈公、钦差分守关南浦参袁公。三公者，凤怀经济，索著风猷，为国之忠，惠民之仁，皆协合侯心之同然者，咸允其请。侯于是身先经理，不惮寒暑，分委责成，罔懈夙夜。工料酌之田亩，而民不偏累；口粮令其自办，而官无冗费。诸执事者，既各恪慎，而夫役又知上之人，一劳久佚之意，皆子来赴工，踊跃从事。经始于四年丙子冬十月，落成于七年己卯夏六月。是年秋，乔侯丁内艰归，行装萧然，清苦俭约，无异寒士。侯心行才识，允矣贤良卓异之选。至修堰实绩，尤表表在人耳目者也。父老人等，金诸侯之遗爱，恐其久而泯也，请予为文勒诸石，庶侯之泽，永世无穷也。余虽不文，而知侯特深，庸何敢辞。尝稽诸《尧典》曰：敬授人时；《舜典》曰：食哉惟时，是尧舜之治天下，皆以安民为先务也。今我皇上一德格天，任贤辅政，治隆尧舜，而三公、乔侯，乃能仰体圣心，成此美政。凡吾邑五门堰以下，几五万亩之田，灌溉无遗利矣。昔汉郑当时穿渭渠，人以为便；白公穿白渠，民得其饶。今五门堰石峡水利疏通，民受其赐，视郑、白之绩，不犹居其右也耶。然此，特叙泽之及

一邑者耳，继自今三公、乔侯，推膺大责任，树立大勋业，丕□海隅出日，咸被其泽矣。甘棠之恩，岂至一城固已哉。沈公名启，原浙江秀水人，己未进士。袁公名弘德，直隶曲周人，戊辰进士。项公名思教，浙江临海人，壬戌进士。乔侯名起凤，山西安邑人，甲子乡进士。诸凡有劳兹役者，例得载之碑后，以垂永久云。谨记。

万历十年岁在壬午夏五月朔日吉旦立。

赐进士第中宪大夫陕西汉中府知府前户部郎中灵宝许价；同知，枣强姚思义；通判，浮山李一本；推官，松藩韩鹏；经理，郧城陶胤恒；照磨，广昌孙克乾；城固县署县事、洋县县丞龙安王所□；主簿，筠连刘耀；典史，黄岗彭爵；儒学教谕，泾州周廷桧；训道，宝鸡李甲。

（六）《开五门石峡记》① 明弘治五年（公元 1492 年）

城固为汉中属邑，介梁、洋之间，南控巴山，北距汉水，东西皆平壤。风土淳厚，甲于诸邑。而民皆治陂堰，浚畎浍，以力农业。邑西北二十里有堰曰五门，滋田凡五万顷，当激滑水以灌之。而堰抵斗山之麓，中抱石嘴，水弗可通。民使刳木为槽，集木跨石以引水。水若泛溢，横木辄为漂去。明岁复如之，民不堪其苦。胜国时，县尹蒲庸者，始凿石为渠，民顺利之。而渠深广才以尺计。加以年久圮毁，始复如砥，水弥漫则仅能得一二以及洼下之地，而高壤仍不可得。稍遇旱则皆焦土矣，民甚病之。所以，至今民以堰告者无虚岁，尹邑者类不能为计。弘治壬子，汉中府推郝公往摄县事，公素有能誉，民即以告公，公亲往视，得其方略，即自太守袁公具以请于宪副朱公、少参崔公，皆曰："民之失业，

---

① 康熙《城固县志》。

吾属之忧也，可以利民，亟为之已。"公乃环邑之民，教以疏导之法。因下令储薪木以万计，令丁夫以千计，匠以百计。事即集，即率众往治之，民知其利己也，莫不欣跃从事，无敢后者。于是积薪石间，炽火烧之，俟石暴裂，乃以水沃之，石皆融溃，遂督匠悉力椎凿，无不应手崩摧。石且坚，复烧而沃之，如是者数。渠深凡二丈，广倍之，延袤六七里，逾月而工告成。峡遂豁然一通，渠水荡荡于田亩，高下无不沾足。而所谓五万者无遗利矣。是岁因以大稔，民欢欣鼓舞，感德不已，乃相与集邑庭，请大尹、韩尹恭曰："堰乃吾民百世之利也。享其利可忘其所自耶？谨具石，原求言以记治堰之绩，树诸堰侧，以重永久，庶少展吾民图报之私。"韦君以属余，余惟水之利于人大矣。昔孙敖起芍陂而楚蒙其惠，李冰凿江水而蜀以富饶。今诸公开此堰，以利城固之民，遂享其利，视孙李二公何如哉？余闻之官民一体也，上下一心也，忧民之忧者，民亦忧其忧，乐民之乐者，民亦乐其乐。今诸公之抚民如此，而民之乐也，固宜诸公他日立要津，登枢辅，其爱民忧国之心，发而成正大光明之业，又奚啻如是而已哉。宪副公名汉，宇景云，江右世家。少参公名通，字仕亨，河南巨族。太守公名宏，字德宏，居古舒之桐城。府推公名晟，字景旸，家济南之历城。记之者则山右之高平郭岂静之也，是为记。

　　明弘治五年岁次壬子立。

（七）《重修六堰碑》[①]**明万历二十七年（公元 1599 年）（图 5-7）**

　　赐进士第中宪大夫四川等处提刑按司副使前奉敕总理辽东粮储户部郎中城固黄九成撰。

---

① 康熙《城固县志》。

图5-7 重修六堰碑

儒林郎山西平阳府蒲州同知城固罗应诏书并篆额。

汉中为关陕雄郡，城固为汉中巨邑。县西北四十里有高堰，西四十里有上官堰，西北三十三里有百丈堰。三十里有五门堰，二十里有石硖堰，县北十五里有杨填堰。城固堤堰，凡十有九，而六堰之水利居多，六堰之中，五门堰十居其六，工程尤为浩大。石峡堰在斗山之麓，甚为紧要。杨填堰，城、洋二邑均被其利，城固用水十之三，洋县用水十之七。凡此六堰，溉田七万余亩，诚咽喉之重地，民命所攸关也。万历三年乙亥夏，安邑乔侯来令城固，曾一修治，阖县蒙利，公议比之□□，至今人歌颂焉。迄今二十余年，浩流冲荡，旧工渐圮，居民时有艰水之叹。万历二十三年乙未秋，翼城高侯来令城固，与乔侯同一三晋人杰，循良君子也，莅任以来，孜孜以民事为急。每岁春夏，躬履四郊，见民之勤于耕耘者，奖赏之，惰农自佚者，惩戒之。及抵高堰、上官堰、百丈堰、五门堰、石峡堰、杨填堰，见其旧工渐弛，洞口剥落，堤垣疏薄，水利衍期也。乃建议重葺修整，区画精详，申其议于汉中太守李公、钦差兵巡关南宪副今升守关内大参张公，二公咸允其请。侯于是捐俸金及赎锾，买办石灰六百余石，使工

汉中三堰

秦岭山外山

汉江堰与堰

锻冶石条八百余丈。夫役征诸田户，官不费而民不忧。檄委主簿李子、典史张子董其役。李子德性和平，临事谨慎，身任勤劳，不敢荒宁。张子才识敏练，奉委勤谨，躬亲督促，勋绩茂著，经始于万历二十六年戊戌秋九月，落成于万历二十七年己亥春三月。自高堰而下至百丈堰、五门堰、石峡堰、又西上官堰，又东杨填堰，修饬严密，规制一新，水势滔滔，沛注七万余亩之田，灌溉无遗利。

城固蒸黎，悉沐厚生之惠矣。父老人等，感侯之德，属九成为文，以纪其绩。九成愧以暗劣，素不能文，然谊安可辞？请敬陈其略焉。尝读《书》曰：德惟善政，政在养民，《洪范》八政，以食为先。是食者，民生日用之资，一日不可缺，而农务者，食之所由裕也。今圣天子御极，宵旰乾翼，惟以安民为务。一时内外大小臣工，咸竭忠殚力，以副圣意，海内熙皞，称盛治矣。若我张公、李公二公者，俱以名世之才，膺巡守之任，廉察凛凛风采，抚绥肫肫惠爱，真有先朝顾太康、王三原之风，指日特遣崇阶，参预机务，弘化寅亮，可坐致也。昔汉南阳守杜诗，政治清平，百姓便之。又修治陂池，广拓土田，郡内比室殷足。时人以方召信臣。南阳为之语曰：前有召父，后有杜母。今吾邑乔侯修堰于前，为城人树甘棠之泽，高侯继理于后，为城人建无穷之基。颂之曰：前有乔父，后有高母，亶其然乎？侯诚心实政，贤能卓异，他日远大功业，可预卜也。请以斯语，勒诸贞珉，以垂万亿年之久云。

张公名泰徵，山西蒲州人，庚辰进士。李公名有实，山东黄县人，己丑进士。高侯名登明，山西翼城人，壬午山西乡进士。李子名在，山西曲沃人，监生。张子名廷芝，湖广襄阳人，吏员。诸凡有劳斯役者，例得载之碑阴，以传后世云。谨记。

万历二十七年岁在己亥秋七月朔日戊申吉旦立。

（八）《清查五门堰田亩碑记》^① 清嘉庆十五年（公元 1810 年）

邑之农田水利，惟五门堰为最巨。其水自北山滑水河出升仙口，高渠下有百丈堰，由百丈堰越二里许，则为五门堰。自昔顺轨安流，农家各资灌溉。迨乾隆五十六七年间，沙洲之东，渐次冲刷，水势傍东而趋，西流淤塞，五门堰得水为难。每逢东（冬）作，酿金募夫，直从沙滩开一道，复用木桊盛石，联成堤坎，横截河水，引入堰门，始得通畅。倘夏秋之交，山水乍涨，或将堤圈冲决，又须设法补修。其间整理堰门、疏浚退水各渠，俱非一手一足之烈。每年按亩派钱，自一百五六十文至二百文不等，是五门堰之田，有水方能得谷，有钱方能得水，利害攸关，岂浅鲜哉？乃检阅《县志》，自元迄明，五门堰灌田四万九百七十余亩。近年水册竟止（只）造田三万余亩，虽历年久远，不无修建庐墓及改成陆壤之处，亦不应少至一万亩之多，其中之隐匿、规避，固已昭然若揭矣。夫田既隐匿，则有田之户，坐使无钱之水，而年复一年，田愈少，派钱愈多，穷民其何以堪！余自莅斯土以来，每思五门堰事宜，必以查田为先务。惟人众弊深，治未良法。有庠生乔维藩者，密陈清查条规，余览之，颇善。适奉文回籍补制，未即施行而止。去岁，禾稼既纳，爰命诸生胡来宾、张景伊数人，协周书役，履亩清查。余复率同陈尉，分路督勘。阅两月，而一律查明，共田四万一千零三十亩五分四厘。核对水册，多田九千三十亩零五分四厘。自兹以往，田主有更移，亩数无减少。每岁派夫、摊费，按册而稽，庶免畸重畸轻之患矣。嗟乎！一百余年来未行之事，一旦行之，不难于行，而人心之好尚

---

① 鲁西奇、林昌丈：《汉中水利碑刻辑存》，载《汉中三堰：明清时期汉中地区的堰渠水利与社会变迁》，中华书局，2011，第 202 页。

又有其不言而同然者已。是为记。

知城固县事，楚南郭士颖撰。典史，江右陈翔。

查田首事：生员胡来宾、生员龚登云、生员张景伊、生员谭古程、生员舒伦元、监生兰春丽、吕承先、李梦麟等。

嘉庆十五年岁次庚午季春月下浣穀旦。

计开各洞湃田亩总数于右：

九辆车唐公湃，共田一千二百一十七亩四分五厘；

九洞，共田三千二百五十六亩六分二厘；

肖家湃，共田二千零八十七亩六分五厘；

演水湃，共田一千五百零八亩六分；

黄家湃北沙渠，共田二千八百七十二亩九分；

中沙渠，共田二千四百一十一亩九分；

南沙渠，共田三千九百九十五亩正；

大鸳鸯湃，共田七千五百六十亩零三分六厘；

小鸳鸯湃，共田一千一百四十三亩一分七厘；

油浮湃，共田四千八百九十六亩四分七厘；

水车湃，共田四千六百一十一亩八分二厘；

西高梁，共田五千二百一十九亩三分五厘；

总共田四万一千零三十亩五分四厘。

嘉庆十五年岁次庚午季春月吉日立。

（九）《重修五洞添设庙宇碑记》[①]**清道光十七年（公元 1837 年）**

夫物有本末，事有始终。物不揣其本而齐其末，则外乎旧章；

---

① 鲁西奇、林昌丈：《汉中水利碑刻辑存》，载《汉中三堰：明清时期汉中地区的堰渠水利与社会变迁》，中华书局，2011，第214页。

事不知其先后，莫不有始，鲜克有终。如五门堰原建五洞，其创修、改建及历次重修，亦非一次，并无定规。自五洞以下，后分九洞八湃，按田均水，酌定洞湃，大小水口，各有尺寸，详载《县志》《水册》，一览便悉。惟五洞长、宽、高、厚及洞口高低、宽窄尺寸，均未开载。余等本年初赝首事，春初，赴堰勘工，查看二洞被水冲坏，全无根底；三洞止（只）留半边，均须一律重修。其二洞以内渠码头、渠坎，亦被冲断成濠。当余等兴工之际，旧日规模，（荡）然无存，惟相河形水势，重新下底，酌其长短宽厚，相形而作，加工加料，从实坚修，以期永固。今越秋夏二季，河亦不时涨发，幸托天佑，更赖邑侯富县主勤于堰务，调度有方，始保无虞。虽难必一劳永逸，然先免旋修旋覆之患。余等于工竣后，量其所修五洞：东西顺长一十四丈；洞梁南北宽二丈一尺；洞底宽二丈九尺，满铺石条六层；两边坡面，俱系一页一顺石条修砌至顶，高一丈七尺；五洞引水龙口，各高四尺四寸，宽四尺四寸；至二洞以内，又接补渠坎，两边坡面概用石条修砌，成砌长十丈零五尺，宽一丈八尺，又后倍（培）竹篓、木圈诸工，此系旧年所无，均于本年加增，以护洞堤。合将成就规模，逐一开载，以昭来世。再查龙门寺前，向有水井一口，旁有龙王堂一座，被水冲涸，其创建、毁没年分，并无记载。惟见龙王、土地二像，现在禹稷殿香案供奉，非其正位，每逢祀典，心尝不安。今择地于五洞夹心，新建修观音大士神庙一间，塑其金像，傍安龙王、土地，侍其左右，俾得其所，则神、人共安。但此项虽无关于正款，亦系求神保障祈福之计耳。故为此序，呈请核示。蒙批："查五门堰去岁被水冲决五洞，今春，该生等充赝首事，因旧日规模，荡然无存，《县志》《水册》，亦未详载洞口高低宽窄，水口大小。该生等相形度势，兴工修理，将长宽高后（厚）、洞口大小，量丈尺寸，开出数目底帐，加工加料，修筑巩固。足征该生等办事认真，贤能练达，实堪嘉尚。本县已节次勘明，所修洞口，洞渠，高厚宽窄，大小尺寸，均属妥协，即著照例，勒石竖碑于堰所，以为永远定规。其龙王、土地神像，亦著建修庙宇奉祀可也。"奉此勒石，以垂不朽云。

赐进士出身，城固县知县富明阿。典史袁文灿。

四里首事：监生王重魁，武生吴登魁。

协办：从九饶际云、吕梦岭、张翼云、罗文炘。

督工：李相润、李勉、各洞湃堰长等。

从九李时中撰，泮堤许捷三书。

道光十七年岁次丁酉冬月毂旦。

（十）《重修杨公庙暨堰堤公局诸务碑记》[①]清同治五年（公元 1866 年）

尝思莫为之前，虽美弗彰；莫为之后，虽盛弗传。故凡有建置、可以永垂不朽者，尤赖变本加厉，踵事增华，而后前人之丰功伟烈愈远□□彰矣。虽然，亦视乎时与势何如耳。时处其常，作之不难，奚有于仍；势值其顺，革之且易，何况于因。若予等之重修杨公庙暨堰堤公局□□务，则有极难不易者。在以时则变，以势则逆，仍无可仍，因无可□□也。昔开国侯杨公创堰，始于宋世，灌溉城、洋县田二万有奇，近□□□□于兹。堰固旋坏而旋修，庙亦屡废而屡兴。旧有上殿三间，系公生祠，公像塑焉；献殿三间，以崇公祀；左为官厅，伺候长上，右立僧□，□持香火；其前则

---

① 鲁西奇、林昌丈：《汉中水利碑刻辑存》，载《汉中三堰：明清时期汉中地区的堰渠水利与社会变迁》，中华书局，2011，第 263 页。

上下工房，其后则领首公局。仓焉奂焉，足令后之人有不忍更张者。□同治元年，蓝逆窜汉；至冬，盘踞斗山、宝山；次年□，□逆又入，群寇如毛，借堰渠顺流之便，拆毁两岸民舍，并将庙之前后左右蹂躏一空，所存者仅上殿三间，无乏户牖焉，兼之雨□□□堰堤，致令昔日所灌之田，尽为旷土。匪徒之贻害，莫此为深；水利之宜兴，亦莫此为急。至三年正月，诸逆遁去，予等始得旋归。适□□，侧杖聚议曰："我地方衣食之源，全赖斯堰，苟不修，余民靡有孑遗矣。孰可胜其任者？"遂有谬以予等称。于是，各绅耆相率……理，自忖不才，安敢负此重任？方退辞间，而抚宪发札，府宪暨邑侯皆行文传唤，面谕不准推诿。予等以经费全无，实□……怜，贷给饷银壹百两，邑侯亦付给军谷十五石。予等遂冒昧上堰，见堰渠之缺坏，神庙之倾圮，不禁歔歔浩叹矣。是时，□……相望，室如悬罄，家无宿粮，斗米且银三两，斤面需钱百余。虽有些须饮助，而钜功何日能成哉？乃茹菜饮水，寝地坐块，凤□……往厚，畛予借钱五百缗，首事诸公亦皆筹画，各贷钱十余串，集腋成裘。遂买桩编笼，筑坝浚渠。城邑三分首事亦按例□……成沛泽下注。复以秧种欠缺，栽插者仅十有六七；阴雨淋涝，成熟者只十之二三。幸收谷之后，田户尚皆踊跃，按亩乐□……款，其余荒坏，悉皆蠲免。四年春，予等仍不得息肩。估计之日，绅耆田户复向予等曰：堰坎固急，庙局亦不可缓，诸君□……壹百六。予等只领众嘱，趁物价不昂贵、拘买材木，蓄砖瓦灰石，卜吉起工。金以旧日公局在庙后，与杨公墓相□……于公局旧址处，创修上殿三楹，升公像于中；后建小亭，俾与墓通；旧上殿改为献殿，使前面院落宽阔，为异日□……楼计。其公局则列上殿之两旁，既食其德，永思其恩。幸蒙福庇，水不欠缺，秋谷丰稔。今岁犹未获辞，只得复为经理……廊，官厅僧舍上下工房厨厩，以次举行。统计新建大小屋宇不下四十间。公议每亩派钱壹百二十文。是役也，虽□……之事业，以视夫待时乘势因人仍旧者，其难易迥别矣。今已三年，会算经费，七分局前后官修大堰共用钱二千□……费钱一千四百六十余串文。工程将竣，绅耆田户劝竖碑以志不忘。予等有何功之可志哉？仅将各上宪救民……其颠末云耳。至于脊兽未安，黝垩未施，则所望于后之董事君子焉。是为记。

碑阴因面向外面，除残缺部分外，均可识读。今据原石录文如次：

……都察院右副都御史、巡抚陕西等处地方、参赞军务兼理粮饷事刘蓉。……安兵备道兼管水利驿站、加五级纪录十次何丙勋。……道、前任署陕西汉中府知府、加五级纪录十次杨光澍。……员、戴蓝翎、汉中府水利经厅、加三级纪录五次于椿荣。……洋县正堂、加三级纪录五次、河南辛酉科拔贡范荣光。蓝翎知府衔贡生、奉委理堰刘瀚撰。五品军功衔廪生、总理堰务高德均校。吏部候铨教谕、辛酉科拔贡刘鉴阅。洋库生员、后学刘定功书。

上牌首事：留村，军功增生蔡如云；马厂，吏员李世奎；滑水铺，功冯新发，军功纪宪章；庞家店，军功生员张承骞，陶绪成。马厂，管账高一元。

下牌首事：五间桥，军功何凤鸣，刘俊德；智果寺，军功监生孙丕承，军功王廷举；谢村镇，军功增生岳传新，军功孙永祥；白杨湾，军功增生段万选，生员李焕章；谢村镇，管账军功王制。仝立石。木工：王贵方，张喜有，王道元，王贵元，李生秀。瓦工：孟大伟，陈万治。解工：谢来狗。石工：王利贞，王利东，王利成。

同治五年岁次丙寅孟秋月中浣之吉□。

（十一）《修理杨填堰告示碑》清同治九年（公元1870年）

钦加盐运使衔、陕西潼商兵备道署陕安道兼管水利驿站事务加五级纪录十次谢，为出示晓谕事：照得杨填堰水灌溉城、洋农田，旧章以城三洋七摊派修理，由来久矣。同治六年，河水涨发，冲塌南桥上下渠坎五十余丈。七年，七分堰首士张凤翈等人，会商三分首士宋绍智等，置地修渠。因三分堰修坎工费未付，以致争讼，先经前署道沈提讯，未洽。即据城、洋二县在郡，开导两造将七分堰垫修之钱，令三分堰补还七十串文；其南桥至长岭沟口渠坎各工，以后作为三七合修，余皆照旧行工。所有每年应派田户水钱，三分每亩较七分高派一百文，倘有不敷，七分帮补等情，禀道出示，饬令立碑。去后，讵七分堰首士王炳南等，因帮补漫无限制，摊派为难，欲先查三分之田；而三分首士丁殿甲等，亦欲查七分田亩，复行兴讼。本署道札调城固县周令、署洋县孙令、水利厅于经历，同两造来辕，督同查讯：三分应还七年修渠工费尚短钱五十串，即令具限交出；至三七田亩，若遽令查丈，断非指日可竣，书役下乡，岂无骚扰。转瞬春融东作，有妨农功。且于查丈时，三七首士，势必争多兢少，讼累无穷，彼此均无裨益，甚非所以示体恤也。查嘉庆十五年《续修志》书内载：是堰灌城田始则一千四百余亩，继增至六千八百余亩；洋田一万八百余亩，继增至一万七千余亩。自兹以后，又增至一万八千余亩。查三分原报下苏村冲田九百余亩，苏寨村、留村冲田二百余亩，共计短田一千一百余亩，属实，是已不敷旧额。本署道衡情酌断：七分□□三分□，以此三处冲流田一千一百亩为定，嗣后兴工，仍照前案，三分每亩高派钱

---

① 康熙《城固县志》。

一百文，每年公同算明；如有不敷，计钱之多寡，令七分津贴一半，其余一半仍归三分自行摊派。设将来三分水冲之田一千一百余亩，修复至五百五十亩之数，七分津贴即行停止。此后城田倘于报明三千八百亩内，再有冲淌，不得令七分再加津贴，以示限制。三七各堰均不得异议。两造允服，具结在案。除饬该二县公拟碑文，禀候核定发刻，公同竖立外，所有断结缘由，合先出示晓谕。为此示，仰城、洋二县三七首士一体遵照办理，毋违。特示。

告示。押。右仰通知。

天下事有必待变通而始尽利者，不可以无权；而权宜之方，亦不可无一定之则。杨填堰之修也，城三洋七，由来已久，不可得而易也。近以田亩参差，构讼累年。前任道宪，断以堰上之费，三分每亩较七分高派钱一百文，如有不敷，七分帮补。此一时从权之计耳。既而洋之民虑其漫无限制也，复控于道辕，而以稽查三分田亩为请；城之民则曰：城田自同治六年，淌去一千一百亩有奇，其登诸水册者，仅存三千八百；嘉庆九年局碑俱在，可证也。然考严栎园太守《续郡志》，事在嘉庆十五年，内载是堰灌城田始则一千四百余亩，继增至六千八百余亩，洋田一万八百余亩，继增至一万七千余亩，嗣后且增至一万八千四百余亩矣。洋之民又曰：城田纵减，抑何今昔大相悬耶？道宪谢乃率城固县主周、洋县主孙、水利厅于，集三七首士于庭而听之，而为之推求民隐，谛审利弊，原前贤定制之遗意，察先后增减之各殊，于是从而断之曰：古制固不可违，成案亦不可恃，合城与洋而论，其田亩当以志之最近者为衡也。第就城而核，其田亩则虽被冲于水者，为足据也。城居上游，得水为先，洋居中下，受水为大。今城虑工费之不敷，洋又虑津贴之无准，于所冲之田一千一百亩，酌其中而剂之，斯费无独绌而数有定程矣。若夫查田之举，假手胥役，劳民伤财，不胜其扰。且恐互相攻诘不休，则误而水利，妨而农功，非所以示体恤、杜争兢也。三七首士，遂各唯唯听命，贴然而输诚焉。自兹以往，每岁三七堰费，即于秋后公同覆算。三分除每亩高派百钱之外，如有不敷，计钱之多寡，七分津贴其半，所余之半，仍归三分自行摊派。至三分之田于报明三千八百之内，设再有冲涮，亦不得令七分津贴之款有所再加。如田之被冲者，经三分修复，已足五百五十亩之数，七分即可停止津贴矣。其自长岭沟以至南桥，实为下游引水咽喉之地，渠坎各工，或分或合，向无明文，应遵前断，作为三七合修，以期保固，永无异议。余皆照旧行工。盖恩断之详明，有如此者夫？斯谳也，不泥于古而即以维夫古，有便于民而不少病夫民，行其权而示之，则宪台之用心，可谓仁至而义尽矣。城、洋之民，其曷敢有佚厥志？爰勒诸贞珉，俾咸知所遵守云尔。

钦加六品衔赏戴蓝翎汉中府水利经厅加五级纪录五次于椿荣。钦赐蓝翎补用同知直隶州特授城固县正堂加五级纪录十次周曜东。钦加运同衔署洋县正堂议叙加一级纪录二次记大功三次孙士喆。

三分首事：生员丁殿甲、宋绍智、卢宪章，监生李应春、余化龙。

七分领首：生员冯翊戴，介宾张凤翀，生员张德容，生员夏声和，增生段万选，生员王炳南，生员左逢源，生员冉鹏飞，生员陈锡，郑郡平，庞化荣，生员杨炳堃。仝立

大清同治九年岁次庚午十一月二十二日。

（十二）《三分堰修盖房屋碑记》①清同治十二年（公元1873年）

且天下事，不当为而为之，固有多事之讥；当为者而不为，亦不免委靡之虑。如我杨填三分堰，旧局三间，首士仅可容膝，是每年会夫之日，田户来此，恒多风雨之患；货物等项，更有暴露之忧。前之董事者，辄多难心。余等接事，公事之暇，恒念及焉。幸蒙天道顺适，四时调和，兼之菲饮食，节器用。二年之间，积有壹百余金。癸酉春，协同商议，即时高砌基趾，鸠工庀材，旧局西斗立三椽，合为一通。檐筑有四，货物幸有闭藏之地；门开有六，田户亦有安坐之方。此固事之当为而不可不为者也。虽非余等之功，亦聊为三分之小补云尔。至若首士，三年已满，每地各请公正田户，清算账项毕，然后再行卸事。公议来年首士，倘有私捏妄举情弊，田户即行禀案更换，毋得徇情。因勒贞珉，以垂永久。

一、春季，首士未及赴堰，工人每多偷拆桩笼，一经查出，百倍议罚，立即革退，另选工人，旧工永不许入。

一、装笼工价，酌古准今，每丈定价四百文，或遇急水，每丈添钱五十文。不得私议工价，以致弊窦。

一、堰局账房，工人毋得擅行出入，或要钱文，或取物件，必须问明，如违重斥。

钦赐蓝翎补用同知直隶州特授城固县正堂加五级纪录十次周曜东。

经理首事汤文德，城邑庠生李友棠，城邑庠生李志铭撰，太

---

① 鲁西奇、林昌丈：《汉中水利碑刻辑存》，载《汉中三堰：明清时期汉中地区的堰渠水利与社会变迁》，中华书局，2011，第267页。

学生魏浩然，八品寿官余化龙书。

大清同治十二年岁次癸酉夷则月上旬立。

（十三）《油浮、水车二湃修渠定式告示碑》①清光绪五年（公元1879年）

钦加三品衔陕西分巡陕安兵备道兼管水利驿站事务劳，为晓谕油浮、水车二湃修渠定式永远遵守以杜争端而安民生事。照得五门堰油浮、水车二湃居上，计田八千余亩，西高渠居下，计田五千余亩，均同堰用水。二湃水渠宽窄浅深尺寸，《县志》《水册》，开载明晰，本有旧章可循。光绪三年，偶遭奇旱，西高渠虑难得水，迭次控争，官经数任，蔓讼不休。去岁三月，本道到任，复据油浮、水车二湃绅粮贡生杜荫南、张应甲等，西高渠绅粮杨春华等，以水利不公等词，互控到道。当经本道檄委定远厅余丞，驰赴该处，会同前署县徐令，勘明讯断，杨春华等情愿具结，恳免解讯，取结完案。讵杨春华意欲独擅其利，延于四月十二日，竟敢率人挖毁所修渠底平石。复据二湃具控前来。本道续委候补同知唐丞驰往，会县复勘明确，查照旧章，断令油浮湃渠底平石，较湃口低六寸，水车湃渠底平石，较湃口低四寸。渠身均宽一丈三尺三寸。底用石条铺砌，面宽仅一石，以为渠水浅深样石。其湃口宽窄，仍照《县志》三尺八寸为度。如遇天旱，渠水不及四寸、六寸深时，准其分日挡水。议以油浮、水车二湃，各挡水一日；西高渠挡水一日半。周而复始，两不相侵。饬令赶紧修筑。本道因其时已届小满，秧苗待水正急，上年已被奇荒，今岁农功，岂可再误？又经选派练

---

① 鲁西奇、林昌丈：《汉中水利碑刻辑存》，载《汉中三堰：明清时期汉中地区的堰渠水利与社会变迁》，中华书局，2011，第230页。

兵营弁勇，随同唐丞，前赴该处，驻堰弹压，勒期督修，俾资栽插。一面札提全案人证，发交汉中府讯，明详解前来，本道亲提研讯。据西高渠绅粮杨春华、李振川、曾炳文、萧应枝、李长秀、姚德兴、李秀华、李长敏即潘锡福、刘祯、萧增荣、李贵荣、姚自才、潘永灵、张三英，暨油浮、水车二洴绅粮杜荫南等供称：实因天旱水缺，是以相争，今蒙委员断定尺寸，实属公允，情愿各具遵结，永不滋事。再三究诘，均无异词。当经本道谕以渠水灌田，关系民生休戚，必须斟酌尽善，岂可专顾旱年？倘遇淋雨，则西高渠地最居下，势必独成泽国。既同井里，尤当痛痒相关。凡损人实以害己，惟和气可以致祥。此次争水滋事，本应照例重办，察看该渠人等，既能俯首认咎，自知悔悟，本道又何忍使该绅民结此讼仇。当经取具永不滋事甘结，从宽发落，并将讯断缘由，扎行城固县，转饬遵照在案。兹据该绅粮以请发告示、永远遵守等情，由县转禀前来，合行出示晓谕。为此示：仰西高渠、油浮水车二洴各绅耆、堰长、田户人等，一体知悉，此次该二洴渠身平石等项，宽狭浅深尺寸，均经委员迭次勘验明确，查照旧章，秉公核定，督同修筑妥善。嗣后若有补修，务须恪遵断令尺寸，不得任意增减，致启争端。即或偶有不合，以当会同九洞八洴首事人等，虚心商议，妥筹办理，勿再率众掘渠，致干重罪，后悔无及。切切毋违。特示。

　　钦加盐运使衔遇缺题奏道、汉中府正堂林士班。

　　钦赐花翎运同衔、特授城固县正堂张荣升。

　　钦赐蓝翎运同衔、特用直隶州署理城固县正堂徐德怀。

　　钦加同知县、前翰林院庶吉士、特授城固县正堂胡瀛涛。

　　大清光绪五年五月吉日立。

（十四）《处理杨填堰水利纠纷碑》[①]清光绪二十五年（公元1899年）

粤稽杨填堰自前宋修浚以来，诸凡堰务、水利、田亩、洞口，著定条规，通禀各宪，转详部奏，载明《府志》，永远遵行。城三洋七，协办经营；至于附堰绅民，不得悛废，亦不得新增。忽于光绪二十四年春正月，西营村廪生张成章贿嘱百丈堰首事刘永定，与村民张玉顺、张畏三、张贵发等，以旱地作田，在于洪沟桥搭木飞槽，接去五洞外若干济急之水。从旱地凿渠，引水退入，官渠沙淤雍塞，有碍堰水，为害非浅。又有去岁冬月间，吕家村吕璜等偷砍西流河护堰之柳，私捏字具，狡骗河西拦水坝地址，凶阻工人，不准拣石修堰。又补修二道□，□庄村人率众阻挠，亦不得拣石修砌。种种谋害，叠相侵扰，直使古堰竟为乌有。兼之今春堰工浩大，村民结连谋害，惟时领首赴堰，莫不寒心。遂请田户商议，先后分别兴讼，由县到道，蒙道宪恩饬准，札委紫阳县朱公，会同城固王县主、洋县黄县主，临堰勘讯。详查《府志》，旱地不准改作水田，条目昭彰，断案判明。杨填堰现在下流，稍遇天旱，全赖百丈堰之退水，大能济急。西营村越例，擅开搭槽修渠，虽系百丈堰之退水，实废杨填堰之水利，大关要处。除儆戒外，饬令拆槽平渠，立取切结。如有复犯，惟以张成章致罪。吕璜偷砍柳树，实属利己害公，除严加斥责外，断令河西一带近堰之处，系为堰村□荒地址，附堰村民再不得霸占。坝岸树木，只准栽植，不准砍伐。二道堰为西流河挡水要处，修砌多年，

---

① 鲁西奇、林昌丈：《汉中水利碑刻辑存》，载《汉中三堰：明清时期汉中地区的堰渠水利与社会变迁》，中华书局，2011，第268页。

与老堰一体相关，任该堰拣石修砌，村人皆不得阻滞。各取切结，遵断了案。嗣后吕璜等奉法毋违。谁意西营村民人嚼谷得味，垂涎不忿，延至八月后，领首下堰时，值恩道宪交卸，张成章暗欲翻控，逆于断结，因贿窜丁家堡生员林向荣偕张玉顺等，竟以接渠补冲情词，复控生等于新道宪陈辕下；生等又以违断强栽情词，互相控讦。蒙道宪札委襄城县余公临堰复勘，生等具情详覆。至二十五年三月间，发来告示，遵照前断，永不得强开。晓谕森严，张贴堰局。未几，陈道宪卸任，高道宪下舆。时维四月，正当插秧之候，伊等一味恃强习横，不遵王法，竟预备搭槽灌溉。生等无奈，只得具情覆控。蒙高道宪查明前断，遂札饬城固县王令，勒即拆槽平渠，以绝讼蔓。王县主于五月十八日，带差亲赴西营村拆毁飞槽。不意张玉顺等，竟仗习风，纠众殴官。王县主去后，又鸣锣集众，打闹堰局，门窗俱坏，领首受辱。自午至辰，打闹弗休。生等遂赴城固鸣冤，即日往府控讦。道宪即发委员文大老爷，会同城、洋二县主，饬差拘唤，将张玉顺等责押究办，将张成章褫夺衣顶，押令村民自行平渠。道宪亲临堰局勘验，饬令西营村于堰局现给钱壹百串，暂作补赔门窗物件，其余追究查办。时张成章等自知罪不容辞，托人往局，再三劝和，愿出钱壹百陆拾串，于领首等搭红赔罪，演戏示众。念为堰邻，宽忍免究，甘心了案，永不敢违抗滋事。生等窃念构讼日久，人皆憔悴，现经昨岁，天雨连绵，一切堰工纷多，毋庸繁赘。至修理铧钵，日夜经营。数十日构连讼蔓，府县往来，于今三年，心神俱废，艰辛备尝。幸得水利无伤，堰道永振。领首商议，遂从其和。具结了案。当其时，天道亢旱，一带堰邻，号呼苗稿，而杨填堰独居下流，沟浍皆满，收成更倍于他年，岂非苍天默佑，何能致此？迄今事功告竣，故

勒诸琐珉，非敢自言为善，以防后日滋事生端云尔。是为记。

总理：监员庞树棠，生员孙景康。

三七首事：生员罗际云，生员高登鳌，监□声泰，贡生罗联甲，监员赵联科，增生刘镒，武生孙振东，李东明，生员蒙得新，军功李增隆，乡饮李忠秀，生员夏金锡，从九王炳耀，陈家瑜，王大常，纪振喜，黄炳离，军功赵文存，黄崇庆，李鸿儒，宋日新。

后学王树掌书。管账：生员朱衣点，生员张佩言。石工李玉海刊，仝立石。

大清光绪二十五年岁次己亥嘉平月穀旦。

（十五）《补修三分堰工笼厦房碑记》[①] 民国四年（公元1915年）

甚哉，地脉不可不补也。相地难，补脉难，补缺尤难。如我三分堰局，斜傍杨侯墓侧，东峙宝山，西邻斗岭，南环滑水，北枕子峰，迨所谓天授势控上游者欤？虽然，地之灵与，其人不可不杰。自前清同治间，余先君子等创修上房工房，李君志铭等续修西边正房，规模宏阔，栖身安稳。曾奈夏雨秋风，桩笼剥毁，数十年来，朽坏如尘。六地长者，理堰先辈，往来瞻览，良深浩叹。佥谓笼厦不修，白虎失位；右臂不举，全体弗安。历来堰首，不贫则殒，确有证验。迨光绪三十年，卢君步瀛等，与余忝理堰务，揆度地势，西孔残阙，乃请六地绅粮，议修笼房七间，费钱三百缗有奇。工甫告竣，相继卸任。及民国元年，卢君复来，目睹笼厦倾倒，工房破裂，佣者多租民房，朝炊暮宿，百事艰辛，杂乱无章。幸有同人雷、房、樊、牛、张等，同心缔造，竭力经营，

---

① 鲁西奇、林昌丈：《汉中水利碑刻辑存》，载《汉中三堰：明清时期汉中地区的堰渠水利与社会变迁》，中华书局，2011，第270页。

西补笔厦，南修工房，改造二门，除理堰外，亦费钱二百缗有奇。整齐周密，焕乎巍然，虽非楼榭亭台之美，而因地补脉，可谓大观。兹工竣，命余作记。余不敏，且搁笔多年，然而善不可没，振古如兹，谨因事为文，勒垂久远，以启将来。窃愿后之理堰诸君子，勿任倾塌，致令前功尽弃，随时补阙拾遗，则幸甚焉。至杨侯盛德，千有余载，已详城、洋、府志，余固陋，不敢赘一词云尔。

前清特授神木调署城固知县洪寅。

现任署理城固县知事张文栋。

前清生员樊蓉镜撰文，监生雷焕章书丹，生员樊翊襄。职员卢步瀛。

前清总理堰首：杨芳林，王明德，宋三德，李文盛。值年经理堰首：卢步瀛，房新荣，牛象钦，张瑞麟。上下三地堰长：孙敬兰、樊占春。仝立。石工杨世荣。

中华民国四年六月中浣毂旦勒石。

第五节　诗文

一、诗歌

（一）《游石门》　唐·李白

鸡头山下石门游，游到石门看龙湫。

龙湫自古龙潭下，潭下湾曲一点油。

一点油石高万仞，万仞绝壁对江流。

江流有声出谷口，谷口春残翠屏收。

翠屏岩上仙为石，石为舞裳几度秋。

秋水为神玉为骨，玉骨冰肌跨龙虬。

龙虬虎豹连狮象，狮象重重千古留。

千古石门对石虎，石虎断岩惹人愁。

愁人断岩题诗句，诗句悬处高云楼。

云楼顶上行人过，行人过往永无休。

永无休时游石门，石门天梯上鸡头。

（二）《题山河堰庙壁》 宋·吴玠

早起登车日不曤，尧烟萋草北山村。

木工已就萧何堰，粮道要供诸葛屯。

太白峰头通一水，武休关外忆中原。

宝鸡消息天知否？去岁创残未殄痕。

（三）《谒山河庙题诗》 明·郭元柱

汉祚炎隆四百秋，萧曹事业冠群侯。

当年将相今何在？惟有山河堰水流。

（四）《山河庙诗碣》 清·吴荣光

无数青山与道迎，路人知我绣衣行。

连朝好雨新渠足，喜见田间话泰平。

自春徂夏节频移，慰汝辛勤畚锸施。

衣食有源须记取，万家烟火鄷侯祠。

却忆吾家上将才，军屯潴溉万塍开。

如今坐享农田利，只合催耕使者来。

绿柳阴中水利图，几回相度费工夫。

不知饱吃行厨饭，可对南山父老无？

（五）《堰口镇珠》^① 清·王晚香

> 云根地脉结珠园，闪烁晶光古堰前。
>
> 真似石犀能制水，花村千载浪恬然。

（六）《石峡堰》 明·袁宏（弘治时任汉中知府）

> 秦岭压天高莫极，秦潭流水源千尺。
>
> 千尺源头庆深长，马盘高堰遥相望。
>
> 百丈龙门通霹雳，源流混混承天潢。
>
> 就中石峡势磅礴，石齿凿凿鲸牙颚。
>
> 劈开石峡果伊谁？汉中府推东鲁郝。
>
> 积薪举火借天风，五丁不用驱神工。
>
> 二酉秘检斯漏泄，云根销防泉源通。
>
> 下有高腴田五万，不假人工自浇灌。
>
> 苍生粒食国税充，平地恩波天不旱。
>
> 我来立石登斗山，纪功自惭才力悭。
>
> 斯民坐享无穷利，万古镌名宇宙间。

（七）《分水》 明·范鹿溪［嘉靖二十六年（公元 1547 年）任城固县令］

> 作堰在春野，省耕来麦秋。
>
> 一渠新绿活，均作万家流。

（八）《石峡》 清·迟煐［康熙四十六年（公元 1707 年）洋县知县］

> 汉南山农重渠堰，蓄泄借以防潦旱。
>
> 月令季春诏筑修，余也遵行周近远。

---

① 山河堰口有大石如珠，即使浪高数丈石终不没，传为镇堰宝珠。

策塞为过斗山隈，相度形势期中窥。

巍然怪石峙中流，流水至此疑已断。

突兀巉岏莫可名，为遡生平见亦罕。

那知一线划然开，奔腾迅驶何剽悍。

飞流直向五门来，分行支港旋舒缓。

灌溉周遭五万田，丰年蔀屋仓箱满。

即使霆霖注浍沟，暵乾亦得滋禾秆。

为问开凿自何人，有明司理劳筹算。

弘治间，本府司理郝公署篆凿成，余以邻封得代庖修之，筑之固堤岸，尔民若非此峡通，安得熙熙长温饱。

二、文章

《汉中渠利说》[①] 清·严如熤

西北渠利，其为水田种稻惟宁夏、汉中，若秦之郑白渠，灌麦粟而已，今亦无存者。宁夏地极高寒。汉唐两渠所艺稻洒种，以利速成，收谷甚薄。汉中之渠，创之萧曹两相国，诸葛武侯、宋吴武安王兄弟先后修治，法极精详。汉川周遭三百余里，渠田仅居其半，大渠三道，中渠十数道，小渠百余道，岁收稻常五六百万石，旱潦无所忧。古之有事中原者，常倚此为根本。屯数十万众，不事外求粮。其治渠之善，东南弗过也。盖尝讲求其故：

一则在择水。稻田水宜清宜暖，浊则不宜秋苗，冷则苗不长，发而迟熟。汉中水汉江为大，然用之溉田者则滑水、浍水、濂水、乌龙江，数水，皆注汉支河，汉流大而难用，支河小而易于隄防

---

① 选自贺长龄等辑《皇朝经世文编》卷14。

也。畿辅大河，桑干、滹沱、漳、卫发源山西塞外，至畿辅流已大。然各小河之委输大河者，支派繁多。凡山向阳者，水性不甚寒，泉脉从石隙出，畿辅大河，其流必清。畿辅大山，阴面在山西塞外，本境为东南面，山皆迎日出，择其源旺脉清，得十数处，作渠数十道，可溉田数千亩顷。又沙河为沙中浸出之水，性亦不甚寒，淘出作渠溉田，甚可耐旱。汉中有南沙河、响水子，各渠皆向阳，山泉从石隙中出，流清而暖，故引渠之地。岁收稻不下十万石，其明验也。

其一在择土。五方之土，黄壤、白壤、青黎、黑坟、赤埴，色各不同，性亦互异，种植各有所宜。种稻则宜涂泥，沿海沮洳，固多涂泥。顺津保河之间地多泉脉，涂泥亦自不少。大约稻之土，泥壤为上，泥多带沙者次之，泥沙相半者次之，黄壤带沙，沙细杂少沙亦可用。若纯是黄壤、白壤、青壤、亮沙则决不可用。宜稻之地，沃野亩六七石，次亩四五石，不宜稻之土，岁丰不过一二石。渠修而土不宜稻，徒费工本，不可不慎也。

其一在修渠身。垦田之地低，作渠之地高，高则可由上灌下。渠身择土性稍坚者治之。渠身一道，盘纡常百里，数十里，择引水之地，尤必求泄水之地。引水之地得，而渠有头；泄水之地得而渠有尾。所引之水或即还本河，或径归大河。在相地势通盘予为筹定，而后可兴工。如汉中滑、濂各渠之水仍归滑、濂。有径入放汉江者，要之。所引水之水，不可太迫。渠身往往行数十里、数里方始灌田，则可免灌沙冲筒之患。渠身宜广深，如溉田至六万亩，则渠身须广三四丈，深一丈四五尺。进渠之水常有二三尺方可敷用。渠堤即用挖出土筑之，必须坚筑。且堤当在溉田一面。分水筒口就渠底穴堤砌之，无田一面空之，以收野潦助溉，筑时

遇对面有潦沟，尤须加功。

一在分筒口。渠所灌溉有近渠身之田，有隔渠身半里数之田，凡大渠一道，必分堰口数十道，灌田数百亩、千亩、数千亩不等。堰渠一道又必分筒口十数道，灌田十数亩、数十亩、百亩不等。堰口宽长各有尺寸，启闭各有日期，计所进之水足灌其田，不至干涸而止。灌田足用余水泄之下游，下游又作水田。雨多之岁，亦可有收。故凡泄水田于大渠工作不派夫，费不入常额。堰筒分水，有周官川浍沟洫遗意，但彼以沟洫之细泄之川浍以为蓄，此则正渠之大泄之堰筒而蓄之田。额田有余泄之余田，而仍归之河，井然不可乱，孟子所谓经界之必先正者，此也。

一在修龙门。渠与溪河相接，引水进渠处为龙门，乃一渠之咽喉，不能迎水则水不入渠，迎水而太当溜，则涨发时有决冲之患。故作龙门必得借小阜石确硬土为要，旁吸河流，以辟正溜，门须狭于渠，譬之门为口，渠为颊，口之所入，颊大始能容之。门两驳岸用灰土坚筑，炼成一气，各包十丈，为上用窑砖砌四五进，亦可砌石为下。石缝过大剥落易于浸水，如河流过大，龙门下数十丈、百余丈作减水坝，则堤身不至冲塌。龙门得法为旱为潦，有水之利，无水害矣。

一在作拦河龙门。既用旁吸，则水非直入，必于正河截之，水方能以进渠，则拦河为要，南中拦坝往往用石砌，断河中流，而萧曹遗制不然。用木桩长四五尺，纵横植水中，磊以乱石，似近乎疏。不知南中土薄，控数尺即见根，连根砌灰石可坚。西北土厚，挖至数丈不见根，砌以灰石，水过不得过。搜根冲湍石下，则空而必倾。不如磊以乱石，截其流之大者入渠，而仍听石隙之水下流。则势不急而无搜根之患，此似疏而实密，常法可久也。

至水涸之时，需水孔亟则，用板用席，令其点水不滴，可也。或作拦河之处，而有湍激之势，则必用木圈竹笼盛石，椗以巨桩，工费所不可惜者。

　　凡此六事，皆汉中作渠溉田行之，数千年而有利无害者，西北可以相通仿而行之利济无穷矣。

第六章　世界灌溉工程遗产与汉中三堰

世界灌溉工程遗产是国际灌溉排水委员会（International Commission on Irrigation and Drainage，简称 ICID，以下简称国际灌排委员会）主持评选的文化遗产保护项目，其评选始于 2014 年。与联合国教科文组织主持评选的世界遗产不同，世界灌溉工程遗产着眼于挖掘和宣传灌溉工程发展史及其对文明的影响。

第一节　世界灌溉工程遗产

2014 年，国际灌排委员会设立世界灌溉工程遗产项目，中国开始积极响应，这是中国第一个专业性的水利遗产保护项目。世界灌溉工程遗产的设立，对于我国挖掘、保护、利用和传承灌溉工程遗产具有重要的意义。截至 2023 年 11 月，中国已经有 34 个灌溉工程遗产被列入名录，汉中三堰是 2017 年第四批列入世界灌溉工程遗产的水利遗产。

一、国际灌排委员会与世界灌溉工程遗产

国际灌排委员会成立于 1950 年 6 月 24 日，是一个致力于推动灌溉、排水、防洪和河道治理事业发展的国际非政府间学术组织。该组织通过对水与环境的合理管理以及灌溉、排水和防洪技术的

应用来改善水土管理，提高灌溉和排水土地的生产率，改善全世界人民的粮食供给。

该委员会最高决策机构为国际执行理事会，设主席 1 人、副主席 9 人、秘书长 1 人。在印度新德里常设中心办公室，由秘书长主持日常工程。截至 2019 年底，成员包括 74 个国家和地区委员会，覆盖了全球 95% 的灌溉面积。该委员会开展的主要活动包括每年一届的国际执行理事会、每三年举办一届的国际灌排大会和世界灌溉论坛，以及不定期举办的区域研讨会、国际排水大会、国际微灌大会等。

中华人民共和国于 1980 年成立国家灌溉排水委员会，第一任主席为崔宗培。1983 年 10 月，在澳大利亚墨尔本举行的国际灌排委员会第 34 届执行理事会上，同意中国国家灌溉排水委员会为中国的正式代表。

世界灌溉工程遗产（World Heritage Irrigation Structures，简称 WHIS）是国际灌排委员会在全球范围内设立的世界遗产项目，目的为梳理和认知世界灌溉文明的历史演变脉络，在世界范围内挖掘、采集和收录传统灌溉工程的基本信息，了解其主要成就和支撑工程长期运用的关键特性，总结学习可持续灌溉的哲学智慧，保护传承利用好灌溉工程遗产。2012 年在澳大利亚阿德莱德召开的国际灌排委员会执行理事会上，由时任国际灌排委员会主席、中国水利水电科学研究院总工程师高占义发起，国际灌排委员会执行理事会批准并启动了设立"世界灌溉工程遗产"的相关工作；2013 年在土耳其马丁召开的国际灌排委员会执行理事会讨论通过了遗产申报评选的标准、程序、管理办法，形成初步管理和技术框架；2014 年开始正式在全球范围内启动遗产的组织申报和评选，每年公布一批。截至目前已公布 10 批，10 年来共评选出了百余处世界灌溉工程遗产，在全球范围已经有了比较广泛的代表性。目前，世界灌溉工程遗产名录上，共有 34 个中国工程。

二、世界灌溉工程遗产的价值标准

世界灌溉工程遗产的申报项目，须由 ICID 会员国家或地区委员会推荐，每个国家（或地区）每年申报不得超过 4 项，并经由国际专家组评审，最终在国际灌排委员会于当年召开的国际执行理事会上通过并正式公布。世界灌溉工程遗产分为两类：至今仍在发挥灌溉功能的（List A）；已不能发挥历史功能但仍具有"档案"价值的遗址的（List B）。

申报世界灌溉工程遗产评选标准 [①]

第一条　申遗工程的历史须达到或超过 100 年；

第二条　申遗工程须属于以下工程类型中的任意一种：

堰坝（主要用于灌溉）；

储水工程，如蓄水池；

渠道及其附属工程；

原始的提水或排水工具，如水车、桔槔、戽斗等。

第三条　申遗工程须至少符合以下条件之一：

是灌溉农业发展的里程碑或转折点，为农业发展、粮食增产、农民增收做出了贡献；

在工程设计、建筑技术、工程规模、引水量、灌溉面积等方

[①] 摘自中国国家灌溉排水委员会 2014 年 5 月 5 日《关于组织申报世界灌溉工程遗产的通知》。

面（一方面或多方面）领先于其时代；

增加粮食生产、改善农民生计、促进农村繁荣、减少贫困；

在其建筑年代是一种创新；

为当代工程理论和技术发展做出了贡献；

在工程设计和建设中注重环保；

在其建筑年代属于工程奇迹；

独特且具有建设性意义；

具有文化传统或文明的烙印；

是可持续性运营管理的经典范例。

三、汉中三堰的价值对照

符合评选标准第一条：汉中三堰中始建最晚的五门堰与杨填堰都建于南宋，工程延续使用远超 100 年。

符合评选标准第二条：汉中三堰灌溉工程保留有历史时期修建的堰坝、渠堤、渠道附属工程、治水与管理碑刻等。

符合评选标准第三条：

汉中三堰的创建是灌溉农业发展的里程碑或转折点，为农业发展、粮食增产、农民增收做出了贡献。汉中盆地位于亚热带湿润气候区，降雨充沛，年均降雨量 846.6 毫米，但降水量不均匀，主要集中在每年 7 至 9 月份，极易发生季节性水旱灾害。汉中三堰修建以后，充分利用了充沛水资源，推动了汉中盆地的农业发展，汉中盆地逐渐成为秦巴山区的主要产粮地，增加了粮食产量、改善了农民生计、促进了农村繁荣、减少了贫困。由于汉中三堰的灌溉效益，不仅水稻、小麦等粮食作物增产，同时油菜、玉米、大豆、茶叶、柑橘等农作物和经济作物也有很好的发展，改善了农民生计，促进农村繁荣，减少贫困。

在工程设计和建设中注重环保。汉中三堰采用低坝壅水，利用北高南低的地势，部署灌溉渠道和溢流堰，以最少的工程设施和管理，满足了引水灌溉和节制水量的多方面功能，充分利用自然河流的水资源灌溉农田，提高人类的生存能力，是尊重自然与重视可持续发展的典范。

具有文化传统及中华文明的烙印。历史上，汉中不仅是汉王朝的发祥地，更是历朝历代兵家必争之地。汉中三堰自创建以来，衍生了具有地域特色的文化传统。人们对修堰有功之人杨从仪等年年祭祀，并举办破土放水节等节庆风俗活动，已传承上千年，形成了一套制度性的仪式。此外，历代治堰者，每有事功必刻石立碑详尽其事，其中涉及堰史、管理制度、水利纠纷、风土民情等各个方面，不仅是研究区域历史、水利发展史的重要史料，也传承了一定的文学艺术价值。

是可持续性运营管理的经典范例。汉中三堰自创建以来，运行上千年，至今仍发挥功效，其有效的管理运营制度功不可没。汉中三堰是官民共治的典范，在宋代山河堰还设置山河军，专事屯田水利。明清以后，汉中盆地的灌溉工程多数是官方主导下的灌区自治。大部分规模较大的堰渠水利主要采取"官督民修"的方式，一般性维修由受益农户出工承担，如大修或改建则由地方官府给予资助。民间的乡规民约是维护堰坝灌溉效益的重要契约。杨填堰灌区地跨城固、洋县两县，灌溉用水、工费负担的分配，一直遵循城固县三分、洋县七分的分配原则。这一约定世代相承，当发生用水或维护的纠纷时，这些约定成为地方政府平息争端的根据。16世纪五门堰由官方颁布的《乔令—高令手册》，是区域性的灌溉法，在维系灌溉秩序方面发挥了较好的作用。有效的管理制度是汉中三堰能够可持续发挥效益的有力保障。

第二节　历史瞬间与定格

一、申遗过程

2016年9月，陕西省汉中市启动"汉中三堰"申报世界灌溉工程遗产工作，确立了以主管副市长为组长的申遗领导小组及办公室，多次召开申遗工作联席会议，协调各方关系，明确责任分工，全力推进申遗工作，具体开展了如下工作：

（一）收集整理相关技术资料

与中国水利水电科学研究院就"汉中三堰"申遗项目展开技术合作，根据申遗文本和视频宣传片编制要求，落实专人、及时组织搜集整理文保单位"四有档案"、《汉中府志》《汉南郡志》等地方志及相关文献资料，认真编写了价值评估报告，确保申遗工作顺利开展。

（二）开展保护修复与环境整治

为做好三堰遗址区的保护与环境整治，石门局和城固县政府先后投资240余万元，清除堰渠垃圾杂草灌木，植树栽草绿化美化遗址核心保护区，修建了参观步道，设立遗产遗址说明牌，使遗址区面貌得到显著改观。

（三）进行堰坝遗址考古研究

委托陕西省考古研究院对山河堰二堰堰头的木桩区进行了发掘、定位、采样，经过中国科学院地球物理研究所西安加速器质谱中心的"碳14"定年分析，二堰堰头木桩一部分为 1049 年至 1089 年的树木（北宋），一部分为 522 年至 693 年的树木（北魏至武周时期）。考古研究院同时对山河堰堰堤夯土层及条石缝的黏合物采样，送至安徽大学做 X 射线衍射及红外线光谱分析，结果表明夯土层并不含当地村民传说的糯米汁，而是石灰拌土夯筑而成，主要成分为方解石、二氧化硅、钠长石以及少量未完全碳化的氢氧化钙，探明了古堰结构，为遗产保护提供了依据。城固县政府聘请陕西理工大学教授专家，开展了五门堰、杨填堰文物鉴定和保护利用规划评审，明史定性，确保科学保护古水利工程。

（四）开展申遗图片及宣传片制作

委托汉中电视台通过航拍实景、三维动画模型等一系列技术手段拍摄了申遗专题片，制作了灌区平面图，全方位展现灌区整体情况。

经过精心准备，2017 年 5 月，《汉中三堰世界灌溉工程遗产申报书》撰写完成，申遗宣传片拍摄完成，申遗其他相关工作也准备到位。

2017 年 6 月 8—9 日，国家灌溉排水委员会专家组赴汉中，对山河堰、五门堰和杨填堰的灌溉体系、文化遗存、管理制度及保护现状等进行了实地考察和现场考评，召开"汉中三堰申报世界灌溉工程遗产专家评估会"。通过讨论，专家组认为，汉中盆地灌溉农业历史悠久，而"汉中三堰"则是其中的典型工程，其建造技术、管理机制蕴含着深厚的科学价值和文化价值，曾对区域经济社会、政治文化的发展产生极大影响，具备申报世界灌溉工程遗产的条件。会后，按照专家意见修改了申报书内容并提交给国家灌排委员会，由国家灌排委员会翻译成英文，再提交国际灌排委员会。

2017 年 10 月 10 日，在墨西哥城召开的第三届世界灌溉论坛暨 68 届国际执行理事大会上，陕西汉中三堰与宁夏引黄古灌区、福建黄鞠灌溉工程 3 处古代水利工程被确认成功申报世界灌溉工程遗产并授牌。至此，汉中三堰被正式授牌列入世界灌溉工程遗产。

二、列入名录、授予证书

从 2014 年起，国际灌溉排水委员会开始在世界范围内评选灌溉工程遗产。中国是灌溉文明古国，是灌溉工程遗产类型最丰富、分布最广泛、灌溉效益最突出的国家。目前，世界灌溉工程遗产名录上共有 34 个中国工程，其中汉中三堰入选了第四批名录。

2014 年入选名单：

四川乐山东风堰、浙江丽水通济堰、福建莆田木兰陂、湖南新化紫鹊界梯田

2015 年入选名单：

诸暨桔槔井灌工程、寿县芍陂、宁波它山堰。

2016 年入选名单：

陕西泾阳郑国渠、江西吉安槎滩陂、浙江湖州溇港。

2017 年入选名单：

宁夏古灌区、陕西汉中三堰、福建黄鞠灌溉工程。

2018 年入选名单：

都江堰、灵渠、姜席堰和长渠。

2019 年入选名单：

内蒙古河套灌区、江西抚州千金陂。

2020 年入选名单：

福建省福清天宝陂、陕西省龙首渠引洛古灌区、浙江省金华白沙溪三十六堰（即白沙堰）、广东省佛山桑园围。

2021年入选名单：

江苏里运河—高邮灌区、江西潦河灌区、西藏萨迦古代蓄水灌溉系统。

2022年入选名单：

江西崇义上堡梯田、四川通济堰、江苏省兴化垛田灌排工程体系、浙江省松阳松古灌区。

2023年入选名单：

安徽七门堰调蓄灌溉系统、江苏洪泽古灌区、山西霍泉灌溉工程、湖北崇阳县白霓古堰。

附　录

附录一　考古报告

AMS^{14}C 年龄测定数据报告单

送样人	喻东平（汉中市石门水库管理局）							
联系地址	陕西省汉中市汉台区劳动西路							
测定结果	实验室编号 Lab.Code	样品编号 Sub.code	δ ^{13}C		pMC		^{14}CAge	
			δ ^{13}C（‰）	Error（1σ）	pMC（%）	Error（1σ）	^{14}CAge（BP）	Error（1σ）
	XA18182	SHY–5	–23.39	0.15	92.90	0.26	592	22
	XA18183	SHY–17	–23.67	0.17	92.72	0.27	607	23
	XA18184	SHY–22	–25.43	0.12	93.70	0.26	522	22
	XA18185	SHY–52	–25.66	0.19	91.73	0.27	693	23
	XA18186	SHY–91	–23.17	0.16	87.76	0.25	1049	23
	XA18187	SHY–105	–25.83	0.15	93.09	0.27	576	23
	XA18188	SHY–118	–27.25	0.17	87.32	0.32	1089	29
	XA18189	SHY–128	–24.31	0.13	87.57	0.26	1066	24

1. 山河堰木炭样品碳十四测定数据

样品编号	^{14}C 年代（BP）	误差（1σ）	校正年代（AD）
SHY–5	592	22	1316—1399
SHY–17	607	23	1305—1395
SHY–22	522	22	1409—1428
SHY–52	693	23	1276—1296
SHY–91	1049	23	987—1016
SHY–105	576	23	1321—1349
SHY–118	1089	29	899—990
SHY–128	1066	24	971—1016

2. 若无特别说明，计算年龄所用的 ^{14}C 半衰期为 5568 年。

附录二 清前中期山河第二堰灌溉田亩表

洞湃			灌溉田亩数（亩）	
高堰子			灌褒城鲁家营田 50 亩	
上坝	金化堰	鸡翁堰	灌褒城马家营亩 300 亩	合计灌褒城县田 2050 亩
		沙堰	灌褒城张家营亩 900 亩	
		周家堰	灌褒城上清观田 300 亩	
		崔家堰	灌褒城张家营田 200 亩	
		何家堰	灌褒城何家庄田 200 亩	
		刘家堰	灌褒城谭家营田 100 亩	
		橙槽堰	灌褒城柏乡田 50 亩	
	舞珠堰	鲁家堰	褒城殷家营田 20 亩	合计灌褒城县田 700 亩
		邓家堰	灌褒城周家庄田 80 亩	
		朱家堰	灌褒城王家营田 120 亩	
		瞿家堰	灌褒城许家庄田 200 亩	
		白火石堰	灌褒城周家营哈儿沟田 280 亩	
	小斜堰		灌褒城流草寺村田 200 余亩	
	大斜堰		灌褒城郑家营田 300 亩	合计灌田 1410 亩
			灌南郑龙江铺田 1110 亩	
	柳叶洞堰		灌褒城韩家坟田 79 亩	合计灌田 279 亩
			灌南郑草坝村田 200 余亩	
	丰立洞		灌南郑草坝村田 1290 亩	
	羊头堰		灌南郑秦家湾田 1950 亩	

洞湃			灌溉田亩数（亩）	
上坝		杜通堰	灌南郑秦家湾田 1937 亩	
		小林洞	灌南郑八里桥铺田 274 亩	
		燕儿窝堰	灌南郑大佛寺田 1490 亩	
		红崖子堰	灌南郑韩家湾田 525 亩	
		姜家洞	灌南郑叶家营田 175 亩	
		营房洞	灌南郑营房坝田 1330 亩	
		李堂洞	灌南郑李家湾田 67 亩	
		李官洞	灌南郑李家湾田 1383 亩	
下坝	高渠	小王官洞	灌南郑鄠都庙田 90 亩	合计灌南郑县田 13778 亩
		大王官洞	灌南郑王家营田 378 亩	
		康本洞	灌南郑舒家湾田 37 亩	
		陈定洞	灌南郑朱家湾田 40 亩	
		祁家洞	灌南郑崔家营田 30 亩	
		花家洞	灌南郑金家庄田 1899 亩	
		何棋洞	灌南郑李家湾田 440 亩	
		高洞子	灌南郑汪家山田 1240 亩	
		东柳叶洞	灌南郑汪家山田 75 亩	
		任明水口	灌南郑汪家山田 113 亩	
		吴刚水口	灌南郑汪家山田 300 亩	
		王朝钦水口	灌南郑汪家山田 149 亩	
		聂家水口	灌南郑汪家山田 85 亩	

洞洴			灌溉田亩数（亩）	
下坝	高渠	三皇川	北高渠	灌南郑叶家庙田 1017 亩	合计灌南郑县田 13778 亩
			麻子沟	灌南郑田家庙田 645 亩	
			上中沟	灌南郑三清店田 450 亩	
			北高拔洞	灌南郑十八里铺田 1529 亩	
			南低中沟渠	灌南郑兴明寺田 1803 亩	
			柏杨坪渠	灌南郑三皇寺田 2442 亩	
			南低徐家渠	灌南郑胡家湾田 1016 亩	
	低渠		中沟	灌南郑漫水桥、梳洗堰地	合计灌南郑县田 5968 亩
			南沟	灌南郑大茅坝、皂角湾地	
			东沟	灌南郑周家湾、魏家坝、文家河坎地	

资料来源：嘉庆《汉南续修郡志》卷二十《水利》；《中国地方志集成·陕西府县志辑》，第 286-288 页。

附录三　嘉庆中期五门堰灌区的洞湃及其灌溉田亩表

洞湃		灌溉田亩数（亩）
九辆车唐公湃		1217.45
九洞		3256.62
萧家湃		2087.65
演水湃		1508.60
黄家湃	北沙渠	2872.90
	中沙渠	2411.90
	南沙渠	3995.00
大鸳鸯湃		7560.36
小鸳鸯湃		1143.17
油浮湃		4896.47
水车湃		4611.82
西高湃		5219.35
合计		41030.54

资料来源：嘉庆十五年（公元 1810 年）《清查五门堰田亩碑记》。

附录四　申遗宣传片脚本

　　陕南汉中盆地，北依秦岭山脉，南凭巴山浅麓，长江最大的支流——汉江自西向东蜿蜒而过，因其地势险要，自古以来就是兵家必争之地。这里位于中国南北方的气候过渡带，降水充沛，土地肥沃，生产稻米和茶叶，是我国历史上重要的产粮区。这要得益于自秦汉以来，当地形成的一种以堰渠为主的水利灌溉系统。

　　历史上汉中盆地并非风调雨顺之地，气候条件复杂，降水不均衡，水旱灾害频发。汉江支流众多，密布整个汉中盆地，先人们利用这种天然资源优势，在支流上挥起简陋的工具，劈山、疏河、筑堰，变不利为有利，开创了汉中盆地水利灌溉的新篇章。据史料记载，秦汉以来，在汉江的 60 多条支流上，先后建有 100 多方古堰，形成了堰渠密布的人工灌溉水网、自流灌溉的广袤田野。其中，最重要的三个堰当数褒水上游的山河堰、湑水上中游的五门堰和杨填堰。这三个古堰都起源于汉代，经历两千多年的岁月更替，多次维修和改造，至今仍在发挥着相当大的灌溉和防洪效益，滋润着汉中沃野千里，影响着区域经济的发展。

　　汉中地区的古堰分布密集，结构相对简单。山河堰、五门堰和杨填堰属于当地较大的堰渠，工程形式也较为完备，主要由渠首工程、防洪工程、渠系工程（节制闸、分水闸、退水闸）组成。渠首工程多为土、木、石结构，据资料记载，山河堰初建时，"巨石为主，锁石为辅，横以大木，植以长桩"，而五门堰渠首系木桩竹笼盛石。杨填堰的堰头堰坝系南宋所筑，原系土石修筑，后

经历代维修全部改为石头垒成。渠首拦河坝将河流水位抬高，经引水口把水输入干渠，再通过分水闸或者节制闸送水至各级农渠，浇灌下游的大量良田。与此同时，灌溉的尾水也通过退水闸回归汉江支流。

这种截引水流、灌溉农田的堰渠，利用了当地北高南低的地势，密布在汉江的各个支流上，将汉江水输往田间地头，使美丽的汉中盆地田丰鱼美、稻麦盈畴、水兴民富，素有"西北小江南"之美誉。历史时期，山河堰渠道从褒河谷口出发，东至汉中市十八里铺，全长35千米，支渠60多条，灌溉面积曾多达23万亩。五门堰创建之初，因为斗山阻隔，灌溉面积十分有限，直至12世纪中期，修建了穿越斗山的木质、石质的渠槽，灌溉面积扩大了十倍以上。杨填堰则灌溉了城固和洋县汉江以北的大部分农田。目前，汉中地区的大多数堰渠都被纳入现代水利工程石门水库、褒惠渠和湑惠渠范围之内，虽然历经数代的维修和改造，但是依然保存着两千多年来的灌溉方式和灌溉范围。

因其险要的地理位置，汉中盆地历来是兵家必争之地，汉中地区粮食的丰收，直接影响到军食民用，更关系到政权的稳固和战争的胜败，因此，汉中堰渠的管理也带有官、军、民共建的典型特征。五代至两宋时期，汉中地区堰渠水利事业的兴起与发展，与地方军政当局举办的军屯有着密切关系，许多堰渠在屯田的过程中得以兴筑和重修。山河堰尤其是被称为官堰的二堰，在南宋以前，是由山河军负责管理。明代五门堰曾由官方颁布《乔令—高令手册》，发挥了水利秩序法则的作用。明清以后，大部分规模较大的堰渠水利主要采取"官督民修"的方式，一般性维修由受益农户出工承担，如大修或改建则由地方官府给予资助。民间的乡规民约是维护堰坝灌溉效益的重要契约，杨填堰的灌溉用水、工费负担之分配，历来遵守"城三洋七"的习惯性原则，世代相承，由于灌溉区域涉及两县，官府赖以平息民间水利纠纷的根据也是民间传承已久的"旧例"。

汉中地区是汉代文化的发源地，汉中堰渠灌溉工程更是留下了丰厚的文化遗存。汉中堰渠的修建者，都被当地百姓永久祭祀。山河堰旁曾建有多处"萧曹祠"，以祭祀萧何、曹参的功绩。修复杨填堰的杨从仪，也被后人尊为水神，他的坟墓至今仡立在堰渠旁，守护着他曾经呕心沥血的一方水土。而五门堰渠首处遗有观音阁，每年清明节前都要举行破土开水节，百姓纷至沓来，祈愿庄稼风调雨顺。

汉中堰渠还给我们留下了丰富的历史碑刻，这些历史碑刻涉及了堰坝创建、管理制度、水利纠纷、民风民俗各方面的内容，成为研究这些水利工程的"活化石"。五门堰素有"小碑林"之称，目前抢救发现的碑刻共有49通。南宋期间刻写的摩崖石刻《重修山河堰碑》，记述了修复山河堰的用工众寡、竣工日期、用水章程、主事者等，更是文物中的精品。这些碑石不仅是研究汉中水利的重要史料，更将永久地传承着汉中地区的璀璨文明。

千年古堰惠泽一方水土，一方水土传承千年文明。汉中堰渠以其简单而科学的结构、质朴而实用的方式，孜孜不息地浸润着汉中大地，也将继续见证着这片热土新的发展。

附录五　《五门堰九洞八湃考察记》[①]

童　庆

元朝，五门堰已有分水洞湃（即今斗渠），由堰长管理。至正七年，蒲庸扩建五门堰后，"灌田四万零八百四十余亩"。明万历年间，"共有分水洞湃三十六处，灌田五万余亩"。清代设十八湃；民国设九洞八湃（加渠首九辆车仍为十八湃），均灌田四万余亩。

1948年，湑惠渠建成后，五门堰灌区大部分面积纳入湑惠渠灌区。1950—1951年停办了两年。1952年五门堰恢复后，仅存鸡蛋洞、青泥洞、肖家湃、黄家湃，其余全部废弃，已毁成田。40多年来，沧桑变迁，有的无迹可考。五门堰古渠洞湃及水口位置，现在究竟在哪里，灌溉区域和面积如何，经我们多年调查和实地踏勘，并收集了一些历史资料，1992年3—7月又进行了系统调查。兹将考察情况分述如下，供研究者参考。

五门堰，"水经五门入官渠（干渠），南流至竹园村，折而北缘斗山北麓，至望仙桥复南流，节次列九车，开九洞，设八湃，北东俱沿湑水河岸，南达汉江河岸而止"。

汉至北宋，干渠长约6千米，从五洞到斗山止（见嘉庆十年《五

[①] 郭鹏主编，童庆主笔的《城固五门堰》，有删改。

门堰碑记》）。到元代延长到龙头寺南为官渠尾，长约 15 千米（见元至正八年《五门堰碑记》）。明又扩建。据弘治五年（公元 1492 年）《重开五门堰石峡记》载："深二丈，广倍之。"

据此推算，渠深 6 米，宽 12 米，最少也能通过 10 多个立方米流量，渠道断面比现在滑惠渠干渠还大。现在鸳鸯桥水库就是当年五门堰的古干渠遗址。斗山石渠，古时称石峡堰。原斗山北麓的蒲公祠和蟾宫洞、蟾宫桥，均于新中国成立前倾圮，今已无存，1952 年又在斗山石峡重开斗山退水闸一处。原干斗渠上所建水磨 70 余处，于 1970 年以后被电力所代替，也全部淘汰。

五门堰九洞八滩，依序开列为：九辆车、唐公滩、鸡蛋洞、道流洞、上高洞、下高洞、青泥洞、双女洞、庙渠洞、夜壶洞、肖家滩、演水滩、黄家滩、鸳鸯滩、油浮滩、水车滩、西高渠（官渠尾）。以上洞滩，多依地名地形命名。

一、渠首。"筒车九辆，创自周世"（即唐武则天时，见嘉庆十年《碑记》），为唐朝所创，位置在小龙门以下至万家营村，浇灌干渠两边高田。明万历时灌田 270 亩，清光绪元年（公元 1875 年）灌田 335.3 亩。民国时撤去两辆，1948 年滑惠渠建成后，筒车全部废弃。

二、唐公滩（又称唐公车滩）。唐公滩是五门堰最早的第一滩，即第一条斗渠。据嘉庆十年（公元 1805 年）碑记载："唐公一滩，始于汉制，疏小渠以溉田，流鼻底（斗山石嘴觜）而归河。"道光十四年（公元 1834 年）作碑记载："唐公滩起自西汉，以仙名名之。"滩口东距唐仙观小学约 500 米。原观内有仙人唐公房汉碑一通，记述王莽居摄二年邑人唐公房为郡吏，得道升天故事。此碑 1970 年调西安碑林，现在第三陈列室陈列。唐公滩灌溉面积，明万历时为 683.5 亩，清嘉庆十五年（公元 1810 年）为 1217.45 亩，光绪元年（公元 1875 年）为 1142 亩。到民国时未变，灌溉区域为许家庙镇的万家营、灌坝、竹园、后湾村，渠长 2 千米。1948 年，湑惠渠建成后，纳入该渠灌区，此湃废弃，古渠破败。在查访中，当地老人都说，唐公湃口在竹园和万家营两村交界之间。

1992 年 2 月 14 日至 3 月 28 日，我们在砌护五门堰干渠时，将万家营四组大桥下 140 米湾渠裁弯取直。2 月 19 日至 3 月 9 日，在田中开挖改线新渠时，于 1.5 米深的土层下，挖出大量河光石（约 5 拖拉机）和石条 8 根，残椽木 3 节，已乌黑发亮，范围未超过 30 米，其余则无有此物。当时我在工地负责工程施工，经当地老人验证，证明此物就是当年唐公湃口的遗物，也证实此处就是唐公湃口遗址。距五门堰进水闸 1090 米，具体地点，就在万家营四组大桥下 140 米处。

1991 年冬，我们在砌护五门堰干渠时，在竹园、后湾村水台上，发现了两通清代五门堰清查田亩碑［嘉庆十五年（公元 1810 年）、道光五年（公元 1825 年）］和一通《城固新兴水利记》碑，同时，又在广利院敬老院内，发现两通清代唐公湃水利碑，一为嘉庆十年（公元 1805 年），一为道光十四年（公元 1834 年），均记有唐公湃历史沿革和制度，为考察唐公湃又提供了新的珍贵资料。

三、鸡蛋洞，即现在的一副斗。原渠长 500 米，现渠长 100 米，洞口在后湾和梁家山交界处。所谓鸡蛋洞，因水口窄小，故名。1966 年水口定为 0.3 米，灌溉区域为后湾、西马堰、梁家山。灌溉面积，新中国成立前待考。1952 年灌 389 亩，1990 年灌 489 亩，溉 2 个村、4 个组。有支引渠 4 条，总长 1000 米，升门 4 处，设斗长一人。

四、道流洞。渠长约200米，洞口在斗山，具体位置待考。水口1尺8寸（1尺等于0.33米，1寸等于0.03米）。灌溉区域待考。灌溉面积，明万历时151亩。1948年，滆惠渠建成后，纳入该渠灌区，此洞废弃。

五、上高洞。渠长约200米，洞口在望仙桥村北斗山南麓，水口1尺6寸。灌溉区域为望仙桥、刘家村，灌溉面积待考。1948年，滆惠渠建成后，纳入该渠灌区，此洞废弃。

六、下高洞。渠长约300米，洞口在望仙桥村北斗山南麓，水口1尺6寸。灌溉区域为望仙桥、刘家村，灌溉面积，明万历时上、下高洞共灌田213亩。1948年，滆惠渠建成后，纳入该渠灌区，此洞废弃。

七、青泥洞，即现在的一斗。古渠长约3000米，1966年裁弯取直后长2500米。洞口原在斗山南麓，1966年改渠，洞口移置在刘家村北公路边。原水口2尺，1966年定为0.5米。灌溉区域为吕家村、张家村、李家湾。灌溉面积，明万历时灌田1074亩，清光绪元年灌田1447.3亩，1990年灌田1155亩。灌3个村、11个组。有支渠8条，总长3000米，升门8处。1970年至1990年，斗渠内修抽水站1处、打机井13眼，设斗长1人。

八、双女洞。渠长约300米，洞口在刘家村北斗山南麓，水口2尺。灌溉区域为马家店、刘家村。灌溉面积，明万历时灌田278亩，1948年滆惠渠建成后，纳入滆惠渠灌区，此洞废弃。

九、庙渠洞。渠长约300米，洞口在马家店，水口1尺4寸，灌溉区域为马家店、刘家村。灌溉面积，明万历时灌田148亩，1948年纳入滆惠渠灌区，此洞废弃。

十、夜壶洞。渠长约500米，洞口在高家湾，水口及灌溉面

积待考。灌溉区域为高家湾。1948年湑惠渠建成后，纳入湑惠渠灌区，此洞废弃。

十一、肖家湃，即现在二斗。古渠长约8000米，1966年裁弯取直后长6800米。原湃口在高家湾东沟口，1966年改渠移置在高家湾村南公路边。原水口1尺，1966年定为0.6米。灌溉区域为吕家村乡的李家湾村，五郎庙乡的黄家村、五郎庙村、湑水村到杜家槽止。灌溉面积，明万历时灌田1475亩，清嘉庆十五年（公元1810年）灌2087.65亩，光绪元年（公元1875年）灌1397.7亩，1990年灌2231亩。灌5个村13个组。有支引渠11条，总长6000米，升门11处。1970年至1990年，斗渠内修抽水站1处、打机井32眼。设斗长1人。

十二、演水湃。渠长约3000米，湃口在高家湾。灌溉区域为吕家村乡的高家湾、张家村、曹家村、郑家帮、石家庄。灌溉面积，明万历时灌田1241亩，清嘉庆十五年灌田1608.6亩，光绪元年（公元1875年）灌田1624.55亩。1948年湑惠渠建成后，纳入湑惠渠灌区，此湃废弃。

十三、黄家湃。即现在的三斗，古渠长约16000米，1966年裁弯取直后长8600米。原湃口在曹家村北，1966年改渠，移置在曹家村北公路边。原水口3尺8寸，1966年后，因系干渠尾，未安斗门。原渠到闵家坎又开分三渠，一为北沙渠，经闵家坎、黄家村、樊哈台南到五郎庙、栗子园、杜家槽、萧何墓北、翟家寺、莲家庄，经韩信台到汉王城止。一为中沙渠，由闵家坎，经李家村、刘家村、谢家井，到杜家槽南止。一为南沙渠，由闵家坎，经薛家村、方家堰到小西关、西门外。灌溉面积，明万历时灌田8205亩，清嘉庆十五年（公元1810年）灌9279.89亩，光绪元年（公元 1875 年）灌 9088.59 亩。1948 年湑惠渠建成后，中沙渠和南沙渠纳入湑惠渠灌区，两支分渠废弃。仅存北沙渠，即现在的三斗渠。1974 年下段又改直。1990 年灌田 3475 亩，灌 6 个村、24 个组。有支引渠 22 条，总长 12000 米，升门 22 处。1970 年至 1990 年，斗内修抽水站 1 处、打机井 41 眼。设斗长 1 人。1989 年 2 月 27 日，在城固检察院发现一通清光绪十九年（公元 1893 年）黄家湃淘渠章程碑，已运回五门堰保护，给考察斗渠管理提供了珍贵的资料。

十四、鸳鸯湃。渠长约 14000 米，湃口在鸳鸯桥村南，鸳鸯桥水库下，具体地点，就在七星寺县农场的鱼塘处。水口 2 尺 9 寸。分大鸳鸯和小鸳鸯，两水口相距 3～4 米，大鸳鸯在上，小鸳鸯在下。又分鸳鸯上、鸳鸯中、鸳鸯下。大鸳鸯经军王村到贺家桥、余家营、张骞墓、饶家营、藏经寺、关王堡、西寨、东寨、大西关到白岩、闫家村。小鸳鸯经七星寺、草坝村、李家村、强家坎到饶家营北。灌溉面积，明万历时灌田 4776 亩；清嘉庆十五年（公元 1810 年）灌 8703.53 亩；光绪元年灌 8354.15 亩。1948 年湑惠渠建成后，纳入湑惠渠灌区，此湃废弃。

十五、油浮湃。渠长约 7000 米。现在的倒江沟渠就是原来的油浮湃渠。湃口在常家村北，具体地点就在鸳鸯桥村南李之彦老房南。湃口是石条垒砌的滚水坝，水口 2 尺 8 寸。湃口以西是西高渠。油浮湃又分油浮上、油浮下。灌溉区域为曾肖营乡的常家村、王家桥、汤家村、吴家村、汪家营等村，博望乡的周家堰村、饶家营村西南和上道院乡、建江乡大部村，到江湾止。灌溉面积，明万历时灌田 3300 亩，清嘉庆十五年（公元 1810 年）灌田 4896.47亩，光绪元年（公元 1875 年）4841.8 亩。1948 年湑惠渠建成后，纳入湑惠渠灌区，此湃废弃。明崇祯年间，御史张凤翮投资改修

油浮湃支渠三道石堰，田起凤撰文立碑于杨家坎之西、尹家营之东，并建有碑亭，此碑已于新中国成立初散失，碑亭早毁。

十六、水车湃。渠长约 6000 米，湃口位置待考。水口 3 尺 8 寸，又分水车上、水车下。灌溉区域为油浮湃的下游，上道院乡和建江乡大部村。灌溉面积，明万历时灌田 3459 亩，清嘉庆十五年（公元 1810 年）灌田 4611.82 亩，光绪元年（公元 1875 年）灌田 4406 亩。1948 年滑惠渠建成后，纳入滑惠渠灌区，此湃废弃。1985 年 9 月 28 日，在藏经寺中学内，发现一个清光绪五年（公元 1879 年）油浮、水车二湃合立的水利碑《陕安兵备道兼水利驿站事务劳》，是上级官府协同城固县解决西高渠与油浮、水车湃用水纠纷的断案碑记，此碑已运至五门堰保护。

十七、官渠尾，又名西高渠。渠长 7000 米，经高家村到龙头寺南、曾肖营，经贺家坝、安乐堂、张家营、刘家乡至沙河营。灌溉面积，清嘉庆十五年（公元 1810 年）灌田 5219.35 亩，民国二十四年（公元 1935 年）灌田 4598.7 亩，1948 年滑惠渠建成后，纳入该渠灌区，此湃废弃。现在高家村北公路边和安乐堂村公路边的大废渠，就是当年西高渠的遗迹。

以上列举各代灌溉面积，见清《城固县志》《乔令—高令水册》和清嘉庆十五年（公元 1810 年）《清查五门堰田亩碑记》、光绪元年（公元 1875 年）《五门堰复查田亩碑》，及 1964—1990 年《五门堰水费册》。五门堰各洞湃口，在明朝以前，大小无规定，出现用水不均，各湃之间互相争抢，用水纠纷不断。到了明万历三年（公元 1575 年），县令乔起凤"创修水口，计田均水"，按灌溉面积大小，规定水口尺寸，用木梘固定，基本达到用水平衡。万历二十三年（公元 1595 年），县令高登明见所用木梘易坏，乃私捐奉金，更木易石，仍照乔公口规修砌，换成石条水口。清至民国，遵循古制，只作整修，未加变动。

新中国成立后，将仅存的鸡蛋洞、青泥洞、肖家湃、黄家湃两洞两湃，在 1966 年渠道改线，裁弯取直后，更换成现在的控水设施，即铁制的斗门、升门、闸门。现在五门堰干渠长 8.9 千米，引水量 2.5 立方米每秒；斗渠 3 条，总长 18 千米，分支引渠 45 条，总长 22 千米。灌区有抽水站 4 处，机井 86 眼，灌溉 5 个乡镇、办事处，12 个村，45 个村民小组。水田 7350 亩，水浇地 1980 年达 1950 亩，1981 年河滩地水毁后，现在只有 500 亩，为稳产高产灌区。

参考文献

［1］常璩.华阳国志［M］.刘琳校注.巴蜀书社，1984 年.

［2］张良知.汉中府志［M］.原国立北平图书馆甲库善本丛书.

［3］欧阳修.欧阳修全集：居士集［M］.北京：中国书店（影印），1986.

［4］滕天绶.汉南郡志［M］.汉中市档案馆整理.成都：巴蜀书社（影印），2017.

［5］脱脱，等.宋史［M］.北京：中华书局，1985.

［6］严如熤.汉中修渠说［M］//贺长龄.皇朝经世文编：卷一一四.清道光六年上海江左林藏版.

［7］顾祖禹.读史方舆纪要：卷五六［M］.贺次君，施和金，点校.北京：中华书局，2005.

［8］王穆.城固县志［M］.光绪四年重刻本.

［9］贾汉复修，李楷纂.陕西通志［M］.康熙六年刻本.

［10］邹容修，周忠纂.洋县志［M］//中国地方志集成·陕西府县志辑：第 45 册.南京：凤凰出版社，2007.

［11］毕沅.关中胜迹图志［M］.西安：三秦出版社，2004.

［12］王浩远.顺治汉中府志校注［M］.太原：山西人民出版社，2019.

［13］顾宏义.宋朝方志考［M］.上海：上海古籍出版社，2010.

［14］刘枢机，等.水利志［M］//陕西省志：第13卷，西安：陕西人民出版社，1999.

［15］汉中地区水利志编纂委员会.汉中地区水利志［M］.西安：陕西人民出版社，1994.

［16］汉中市地方志编纂委员会.汉中市志［M］.北京：中共中央党校出版社，1994.

［17］姚汉源.中国水利史纲要［M］.北京：水利电力出版社，1987.

［18］鲁西奇，林昌丈.汉中三堰：明清时期汉中地区的堰渠水利与社会变迁［M］.北京：中华书局，2011.

［19］马强.北宋以前汉中地区的农业开发.中国农史［J］，1999年第18卷（2）：29–37.

［20］李约瑟.中国科学文明史［M］.柯林·罗南改编.上海：上海人民出版社，2002.

［21］张显锋，熊黎明，张汉兴.民国时期汉中三堰整修工程考述［J］.陕西理工大学学报（社会科学版），2018（8）：20–25.

［22］勉县志编纂委员会.勉县志［M］.北京：地震出版社，1989.

［23］刘钟瑞.陕南新兴水利事业概况［J］.陕西水利季报，1942（1）.

［24］陕西实业考察团.陕西实业考察［M］.上海：汉文正楷印书局，1933.

［25］陕西省湑惠渠工程处.陕西湑惠渠施工报告［M］.民国三十七年编印.

［26］陕西省人民政府农林厅水利局.陕西省农田水利概况［M］.西安：西北人民出版社，1951.

［27］王德基，陈恩凤，薛贻源，刘培桐.汉中盆地地理考察报告［J］.地理专刊，1946（3）.

［28］陈靖.整理陕西南褒山河堰计划大纲［J］.水利月刊，1934（6）.

［29］孙启祥.汉中山河堰的源起及其名称探论［J］.陕西理工大学学报（社会科学版），2021（10）：10-16.

［30］陈显远.山河堰初考［J］.汉中市志通讯，1987（3）.

［31］周魁一.山河堰［C］//水利水电科学研究院科学研究论文集.第12集.北京：中国水利电力出版社，1982.

［32］杨亚长.陕西汉代农业考古概述［J］.农业考古，1989（2）：15.

［33］何玉红.南宋西北战区军粮的消耗以及屯田与水利建设［J］.中国农史，2007（3）：70-79.

［34］张晓红.清代陕南土地利用变迁驱动力研究［J］.中国历史地理论丛，2002（4）：122-125.

［35］鲁西奇，蔡述明.汉江流域开发史上的环境问题［J］.长江流域资源与环境，1997（3）：266-268.

［36］张建民.明清汉水上游山区的开发与水利建设［J］.武汉大学学报（哲学社会科学版），1994（1）：81–87.

［37］黎沛虹.历史上汉江上游的灌溉事业［J］.农业考古，1990（2）：229–235.

［38］丁俊丽.论清代严如熤治理陕南水利的成就及价值［J］.安康学院学报，2015（3）：14–18.

图书在版编目（CIP）数据

秦岭山外山　汉江堰与堰：汉中三堰 /
周波著 . -- 武汉：长江出版社，2024.7
　（世界灌溉工程遗产研究丛书 / 谭徐明总主编 . 中国卷）
　ISBN 978-7-5492-8797-0

　Ⅰ . ①秦… Ⅱ . ①周… Ⅲ . ①堰 - 水利史 - 汉中 - 西
汉时代 Ⅳ . ① TV632.413

中国国家版本馆 CIP 数据核字 (2023) 第 056063 号

秦岭山外山　汉江堰与堰：汉中三堰
QINLINGSHANWAISHAN HANJIANGYANYUYAN：HANZHONGSANYAN

周波　著

出版策划：赵冕 张琼
责任编辑：李剑月
装帧设计：汪雪 彭微
出版发行：长江出版社
地　　址：武汉市江岸区解放大道 1863 号
邮　　编：430010
网　　址：https://www.cjpress.cn
电　　话：027-82926557（总编室）
　　　　　027-82926806（市场营销部）
经　　销：各地新华书店
印　　刷：湖北金港彩印有限公司
规　　格：787mm×1092mm
开　　本：16
印　　张：12
彩　　页：4
字　　数：144 千字
版　　次：2024 年 7 月第 1 版
印　　次：2024 年 7 月第 1 次
书　　号：ISBN 978-7-5492-8797-0
定　　价：78.00 元

（版权所有　翻版必究　印装有误　负责调换）